新・数理/工学ライブラリ［機械工学=7］

機械振動学
［第2版］

佐伯　暢人
小松崎俊彦　共著
岩田　佳雄

数理工学社

サイエンス社・数理工学社のホームページのご案内
https://www.saiensu.co.jp
ご意見・ご要望は　suuri@saiensu.co.jp　まで.

第 2 版にあたって

　2011 年 5 月の初版発行から 13 年が経過した．その間，本書を利用していただいた多くの読者に著者一同，深く感謝している．おかげさまで，この度，第 2 版を発行することとなり，「モデル化」に着目した追記を行った．実際の振動問題に直面した際，それを解決する手順は，本書 1.2 節に示すように，まず，対象となる機械をモデル化することから始まる．一方，大学や高等専門学校における機械系の学生が機械振動を学ぶ場合，モデル図ありきで話が進むことが少なくなく，学生は式の誘導のみに関心が向く傾向にあった．著名な海外のテキストを眺めると，各問題には実際の機械とモデル図がセットで描かれていることが多い．それらを踏まえ，第 2 版では，実際の機械をイメージしながら，振動問題に取り組むことができるよう，機械構造物を示す図とそのモデル図を可能な限り併記することとした．

　本書を一人でも多くの機械工学を学ぼうとする学生や学び直しを考えている社会人に手にとってもらえることを願っている．

　最後に，今回の改訂に際してご尽力いただきました（株）数理工学社田島伸彦氏，西川遣治氏に深く感謝申し上げます．

　2024 年 9 月

著者一同

はじめに

　機械は動力機器など運動する要素を必ず備えており，この運動によって機械には動的な力や変形が生じる．この動的な力や変形は，機械の振動となり，かつ，音の発生原因になる場合が多い．また機械だけでなく床や地盤まで振動が及び，他の機械に影響を与えたり，極端な場合には振動公害を引き起こす．近年の機械の高速化，軽量化の波は振動問題の発生を多くする傾向にあり，機械技術者は機械振動を考慮した設計を行わねばならない．一方で機械の高精度化によって振動の評価基準が厳しくなり，これも振動問題を多くしている一因となっている．このように機械振動は以前にも増して重要な分野となってきている．

　本書は大学，高専における機械系の学生が機械振動について学ぶためのテキストとして作成したものであり，機械振動の分野の基礎的事項を網羅するようにした．以前に同様のテキストとして「機械振動学（工業調査会）」を出版していたが，共著者の定年退職等があり，著者を交代してテキストを作成することにした．前著との連続性を考えて構成はほぼ同じくし，内容については一部を削除して新しい事項を追加，または章のほとんどを入れ換えたところもある．「1自由度系の振動」は機械振動の根本であり，例題も交えて詳しく説明するように努めた．「2自由度系の振動」は多自由度系の振動への導入として重要である．「マトリクス振動解析」や「連続体の振動」では多自由度系の振動の特徴を理解することに重きをおいている．「非線形振動」の知識は実際の機械の振動において現象を把握するときに役立つであろう．「振動計測」の章ではモード解析

はじめに

を利用した振動測定を紹介し，かつ環境振動の測定法についてもふれている．「音波と騒音」では音響学の基礎を紹介すると共に振動と音の関係についてふれ，さらに騒音の測定や騒音公害について紹介している．本書によって機械振動の分野に興味を持ち，理解を深めてもらえることを願っている．

最後に，本書の出版にあたりご尽力いただきました (株) 数理工学社田島伸彦氏に深く感謝申し上げます．

2011 年 3 月

著者一同

目　次

第1章　機械振動学入門　1
1.1 機械と振動 ………………………………………………… 2
1.2 振動解析の手順 …………………………………………… 2
1.3 モデル化 …………………………………………………… 4

第2章　振動の基礎　7
2.1 調 和 振 動 ………………………………………………… 8
2.2 調和振動のベクトル表示と複素数表示 ………………… 9
2.3 調和振動の合成 …………………………………………… 11
2.4 フーリエ級数 ……………………………………………… 17
第2章の問題 …………………………………………………… 21

第3章　1自由度系の自由振動　23
3.1 1自由度系 ………………………………………………… 24
3.2 不減衰系の振動 …………………………………………… 25
3.3 減衰系の自由振動 ………………………………………… 41
第3章の問題 …………………………………………………… 54

第4章　1自由度系の強制振動　57
4.1 強制振動とは ……………………………………………… 58
4.2 不減衰系の強制振動 ……………………………………… 58
4.3 粘性減衰系の強制振動 …………………………………… 63

- 4.4 一般減衰系の強制振動 …………………………………… 67
- 4.5 不釣り合い外力による強制振動 ……………………… 74
- 4.6 変位による強制振動 …………………………………… 76
- 4.7 振動伝達と防振 ………………………………………… 77
- 4.8 任意外力加振と過渡応答 ……………………………… 81
- 4.9 ラプラス変換による振動解析 ………………………… 86
- 4.10 周波数の変化する外力による強制振動 …………… 93
- 4.11 ロータ系の振動 ……………………………………… 94
- 第4章の問題 ……………………………………………… 100

第5章 2自由度系の振動　　101

- 5.1 自 由 振 動 ……………………………………………… 102
- 5.2 強 制 振 動 ……………………………………………… 112
- 5.3 ラグランジュの方程式 ………………………………… 120
- 5.4 影響係数法 ……………………………………………… 123
- 第5章の問題 ……………………………………………… 125

第6章 マトリクス振動解析　　127

- 6.1 自 由 振 動 ……………………………………………… 128
- 6.2 固有モードの直交性 …………………………………… 130
- 6.3 モード座標 ……………………………………………… 134
- 6.4 強 制 振 動 ……………………………………………… 137
- 6.5 モード座標を利用した強制振動 ……………………… 138
- 第6章の問題 ……………………………………………… 144

第7章 連続体の振動　　145

- 7.1 弦 の 振 動 ……………………………………………… 146
- 7.2 棒の縦振動 ……………………………………………… 152
- 7.3 はりの横振動 …………………………………………… 159
- 7.4 膜および板の振動 ……………………………………… 169
- 第7章の問題 ……………………………………………… 173

第8章 非線形振動　　175

8.1 非線形系 ……………………………………………… 176
8.2 非線形系の自由振動 …………………………………… 178
8.3 非線形系の強制振動 …………………………………… 185
8.4 自励振動系 ……………………………………………… 190
8.5 係数励振系 ……………………………………………… 193
8.6 位相平面解析 …………………………………………… 194
第8章の問題 ……………………………………………… 200

第9章 振動計測と動特性解析　　201

9.1 振動計測 ………………………………………………… 202
9.2 動特性解析 ……………………………………………… 209

第10章 音波と騒音　　217

10.1 音波の基礎 …………………………………………… 218
10.2 騒音計測 ……………………………………………… 225
10.3 騒音対策 ……………………………………………… 229

付録　SI単位と工学単位　　231

問題の略解　　233

索　引　　244

# 第 1 章
機械振動学入門

　第1章では機械振動学を学ぶにあたっての導入部として，どのようなところで振動は問題になるのか，また，機械に振動が発生した場合，どのように解析し，対策を立てていくか，さらに，振動解析の第一歩であるモデル化をどのように行うかなどについて学ぶ．

1.1 機械と振動

最近の機械は高速化や軽量化が求められるとともに，高信頼性，静粛性，快適性が求められている．ところが，高速化や軽量化といった要求は，容易に機械の振動を発生させる原因となり得る．たとえば，回転機構を有する機械の場合，回転部の重心が回転中心からわずかでもずれていれば，回転速度が増すとともに遠心力が増大し，振動を生じさせることとなる．振動が発生すると，望まれない騒音をともない，機械の性能が低下する．さらに，振動が大きくなると，やがては機械の損傷をも引き起こす．

一方，高信頼性，静粛性，快適性といった要求は，これまでの振動に対する評価基準をより一層厳しいものとしている．

以上のことから，振動や騒音などにかかわる動的な問題に対する設計は，これまで以上に重要になってきている．

1.2 振動解析の手順

機械振動に関する知識や振動解析の方法については次章以降で詳細に扱っていくが，本節では，振動解析の手順を以下に紹介する．

現実の振動問題は非常に複雑であるため，理論的な解析で，すべてを詳細に扱うことは不可能である．しかし，問題の本質を失わない範囲で複雑な振動問題を単純なモデルで考慮しても，振動系全体の挙動を決定することができることは少なくない．

以下に，振動問題を解決するための標準的な手順を示す．

(1) 振動系のモデル化

できる限り簡単な形で振動系の特徴を表すことができるモデルを考える（モデル化）．特に，振動系の自由度の数や線形もしくは非線形になるかについては，注意を払ってモデル化を行う．

(2) 運動方程式の導出

動力学の原理を適用して，モデル図から運動方程式を作る．振動系の運動方

程式は通常，離散系では常微分方程式の組合せとなり，連続系では偏微分方程式となる．運動方程式を作るための動力学の原理として，ニュートンの運動法則やダランベールの原理，エネルギ保存則の原理などがある．

(3) 運動方程式の解法

得られた運動方程式を解き，振動系の応答を求める．解を求めるために以下の方法から1つを使用する．

① 微分方程式から解を導く基本的な方法
② ラプラス変換
③ マトリクスを利用した振動解析法
④ コンピュータを使用した数値解法
⑤ 近似解法（非線形振動）

運動方程式が非線形である場合，それらはめったに解を誘導することはできない．そういった場合，④で示す「コンピュータを使用する数値解法」が利用される．しかし，数値計算の結果では，系の挙動に関する一般解を得ることは難しいため，⑤で示す「近似解法」を用いる場合もある．

(4) モデル化の妥当性の検証

運動方程式を解いて得られた系の変位や速度と実機の計測結果を比較し，モデル化の妥当性を検証する．期待される結果が得られない場合には，再度，(1) から (4) までの手順を繰り返す．

(5) 結果の解釈

システムを構成する因子の値を変えて計算を行い，現象に与える影響を考察する．因子の値の変更やモデル自体の変更により，振動系として，より望ましい状態が得られることが予想される場合には，設計変更も視野に入れる．

モデル化のアプローチとしては，最初に，振動系全体の挙動を容易に把握するために，粗く，基本的なモデルを使用する．続いて，自由度を増やすなどして，モデルを高度化することで，現実に近い振動系の挙動を得るという手順を踏むことが一般的である．

1.3 モデル化

本節では，いくつかの例題を通して，振動解析の第一歩であるモデル化の方法を学ぶ．

図 1.1 は，ばね要素と減衰要素の記号を示している．ばね要素は復元力や復元モーメントを表し，減衰要素は振動する変位量を時間とともに減少させる働きを表す．一般に，これらは並列に組み合わされて用いられる．これらを用いて，実際の機械をモデル化した例を以下に示す．

図 1.2(a) は建物のフレームが左右に振動する様子を示している．これをもっとも簡単なモデルで表すと，図 1.2(b) となる．図中において，質量 m の下にあるタイヤは，摩擦がないことを表している．

図 1.3 に示すオートバイのモデル図は，図 1.4 で表される．オートバイの上下方向のみの振動を表すもっとも簡単なモデルが図 1.4(a) である．ここで，ばね要素 k_{eq} や減衰要素 c_{eq} はサスペンションやタイヤの弾性や減衰を合わせて

図 1.1　ばね要素と減衰要素

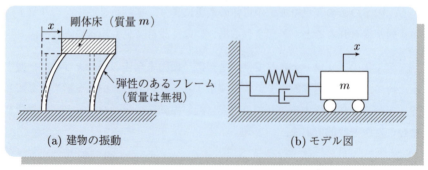

図 1.2　建物のフレームが左右に振動する様子

1.3　モデル化

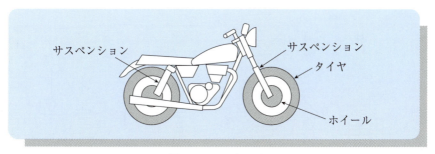

図 1.3　オートバイ

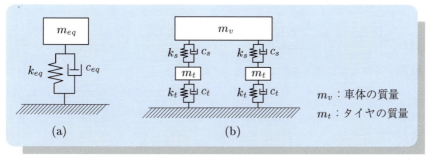

図 1.4　オートバイのモデル図

考慮した等価なばね要素や減衰要素を示している．一方，図 1.4(b) は，前後のタイヤの弾性 k_t やサスペンションの弾性 k_s を別々に考慮したモデルで，前輪が沈み込むような車体の回転運動についても表現することができる．このように，機械構造物を構成する各部の弾性や減衰性を考慮することで，複雑な振動挙動が表現可能となる．

---例題 1---

図 1.5 は，クレーンが重量 W の積み荷を把持している様子を示している．ケーブル AC，ブーム BC の弾性を考慮した振動系のモデル図を示せ．なお，簡単のため，ケーブル CD や車体などの弾性は無視するものとする．

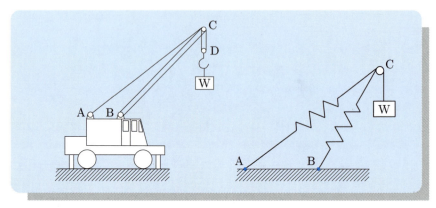

図 1.5　クレーンの模式図　　図 1.6　クレーンのモデル図

解答　モデル図は図 1.6 のようになる．

弾性を考慮するケーブル AC, ブーム BC をばね要素に置きかえる．特に，ばね要素の両端である A, B, C の位置関係については実際の設計値と同じになるように注意する．

第 2 章
振動の基礎

　この章では機械振動学の基礎的事項として，調和振動の波形とその表示方法，調和振動の合成，フーリエ解析などについて学ぶ．さまざまな機械にみられる実際の振動の波形は必ずしも正弦的でないことが多いが，ここで学ぶ基礎的事項を考慮に入れることによって，かなりの場合は調和振動に基づいた体系的な取扱いが可能になってくる．

2.1 調和振動

図 2.1 に示すように，ばねに吊り下げたおもりの運動を考えてみる．おもりをそっと吊り下げると，ばねはある長さだけ伸びて平衡点の位置でおもりの重さと釣り合う．いま，おもりを平衡点の位置から変位させて手放すと，系は振動を始める．

ばねの質量がおもりのそれに比べて十分に小さいときおもりは図 2.2 に示されるように時間の経過とともに正弦的 (sinusoidal) に変化する運動を行う．おもりの**振幅** (amplitude) を X，**角振動数** (angular frequency) [rad/s] を ω，**初期位相（角）** (initial phase angle) [rad] を ϕ とすると，この運動 x は，

$$x = X\cos(\omega t + \phi) \tag{2.1}$$

で表される．もちろん，初期位相角のとり方によって，式 (2.1) は正弦関数 (sin) で表すこともできる．このような唯一の正弦（または余弦）関数で表される周期運動のことを，一般に**調和振動** (harmonic vibration) という．調和振動はさまざまな周期関数の基本となる運動である．

図 2.2 に示されるように波形が繰り返し現れる時間の間隔 T のことを**周期** (period) と呼ぶ．周期 T と角振動数 ω との間には，

$$T = \frac{2\pi}{\omega} \tag{2.2}$$

なる関係がある．

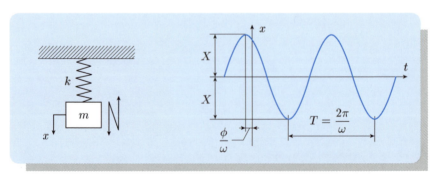

図 2.1　ばね―質量系　　　　　図 2.2　調和振動

また1秒間に繰り返される振動の回数を**振動数** (frequency), あるいは**周波数**と呼び, f で表す. f と T との間には,

$$f = \frac{1}{T} = \frac{\omega}{2\pi} \tag{2.3}$$

の関係がある. 振動数は [Hz] の単位で表される.

ところで, おもりの変位 (displacement) の式 (2.1) を時間で微分すると, 速度 (velocity), および加速度 (acceleration) が得られる. いま, 速度を v, 加速度を α とすると, それぞれは, つぎのように表される.

$$v = \dot{x} = \frac{dx}{dt} = -X\omega \sin(\omega t + \phi) \tag{2.4}$$

$$\alpha = \ddot{x} = \frac{d^2x}{dt^2} = -X\omega^2 \cos(\omega t + \phi) \tag{2.5}$$

これらの式は, さらに

$$v = X\omega \cos(\omega t + \phi + \pi/2) \tag{2.6}$$

$$\alpha = X\omega^2 \cos(\omega t + \phi + \pi) \tag{2.7}$$

のように書きかえることができる. それぞれの式から, 速度, 加速度は振幅が $X\omega$, $X\omega^2$ で, 位相角が変位に対して $\pi/2$ および π だけ進んだ調和振動になることがわかる.

2.2 調和振動のベクトル表示と複素数表示

図 2.3 に示すように O 点を中心として一定角速度 ω で反時計方向に回転するベクトル $\boldsymbol{X}$ を考えてみる. ベクトルが水平方向 (x 軸) から ϕ だけ傾いた位置から回転を始めるとすると, ベクトルの x 軸および y 軸への投影は

$$x = X \cos(\omega t + \phi) \tag{2.8}$$

$$y = X \sin(\omega t + \phi) \tag{2.9}$$

で表される. すなわち, いずれの投影成分も振幅が X, 角振動数 ω の調和振動となっており, 回転ベクトルによって調和振動を表すことができる. ベクトル表示を用いると, いろいろな調和振動の相対関係を調べたり, 調和振動を合成

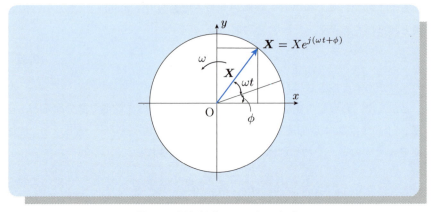

図 2.3　調和振動のベクトル表示

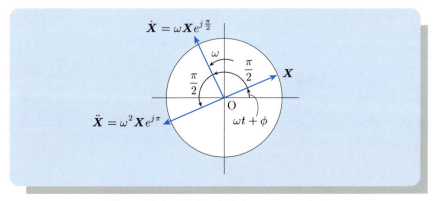

図 2.4　変位・速度・加速度のベクトル表示

したりする際に大変に便利である．たとえば，式 (2.6), (2.7) で表される速度，加速度と変位との関係をベクトル表示すると，図 2.4 のようになり，変位ベクトル $\boldsymbol{X}$ に対してそれぞれ $\pi/2$ および π だけ進んだ回転ベクトルで表されることがわかる．

つぎに，図 2.3 を複素平面に置きかえ，x 軸を実軸に，y 軸を虚軸にとって考えてみよう．この場合，$\boldsymbol{X}$ は

$$\boldsymbol{X} = x + jy = X\{\cos(\omega t + \phi) + j\sin(\omega t + \phi)\} \qquad (2.10)$$

で表される．ただし，$j = \sqrt{-1}$ であり，虚数単位を表す．

一方，$e^{j\theta}$ をべき級数展開すると，

$$e^{j\theta} = 1 + (j\theta) + \frac{1}{2!}(j\theta)^2 + \frac{1}{3!}(j\theta)^3 + \frac{1}{4!}(j\theta)^4 + \cdots$$
$$= \left(1 - \frac{\theta^2}{2!} + \frac{\theta^4}{4!} - \cdots\right) + j\left(\theta - \frac{\theta^3}{3!} + \frac{\theta^5}{5!} - \cdots\right) \quad (2.11)$$

となり，

$$e^{j\theta} = \cos\theta + j\sin\theta \quad (2.12)$$

なる関係がある．すなわち，式 (2.10) は，

$$\boldsymbol{X} = Xe^{j(\omega t + \phi)} \quad (2.13)$$

のように表すことができる．このような表示方法を複素数表示という．調和振動は式 (2.13) で表される複素関数の実部，あるいは虚部をとればよく，さまざまな計算には複素数表示を用いて行うと便利である．

2.3 調和振動の合成

いくつかの調和振動を合成すると，得られる運動はもとの調和振動の条件によってさまざまな特徴的な波形を呈する．つぎに 2, 3 の振動合成の例について調べてみる．

2.3.1 同一振動数の合成

振動数の等しい 2 つの調和振動をそれぞれ

$$\left.\begin{array}{l} x_1 = X_1 \cos(\omega t + \phi_1) \\ x_2 = X_2 \cos(\omega t + \phi_2) \end{array}\right\} \quad (2.14)$$

とすると，両振動を合成した運動 x はつぎのように表される．

$$\begin{aligned} x &= x_1 + x_2 \\ &= X_1 \cos(\omega t + \phi_1) + X_2 \cos(\omega t + \phi_2) \\ &= (X_1 \cos\phi_1 + X_2 \cos\phi_2)\cos\omega t - (X_1 \sin\phi_1 + X_2 \sin\phi_2)\sin\omega t \\ &= C_1 \cos\omega t - C_2 \sin\omega t \\ &= X\cos(\omega t + \phi) \end{aligned} \quad (2.15)$$

ただし，

$$C_1 = X_1 \cos\phi_1 + X_2 \cos\phi_2$$
$$C_2 = X_1 \sin\phi_1 + X_2 \sin\phi_2$$

C_1, C_2 と X, ϕ との間には，

$$C_1 = X \cos\phi, \quad C_2 = X \sin\phi$$

なる関係があり，したがって，X および ϕ はつぎの式より求められる．

$$\begin{aligned}X^2 &= C_1^2 + C_2^2 \\ &= (X_1 \cos\phi_1 + X_2 \cos\phi_2)^2 + (X_1 \sin\phi_1 + X_2 \sin\phi_2)^2 \\ &= X_1^2 + X_2^2 + 2X_1 X_2 \cos(\phi_1 - \phi_2) \end{aligned} \tag{2.16}$$

$$\begin{aligned}\tan\phi &= C_2/C_1 \\ &= (X_1 \sin\phi_1 + X_2 \sin\phi_2)/(X_1 \cos\phi_1 + X_2 \cos\phi_2) \end{aligned} \tag{2.17}$$

このように周期の等しい 2 つの調和振動を合成すると，得られる運動は，やはり，もとの振動と等しい周期を持つ調和振動となり，その振幅と位相はそれぞれ，式 (2.16), (2.17) によって与えられる．

これらの関係をベクトル表示を用いて考えてみる．図 2.5 に示されるように $\boldsymbol{X}_1$, $\boldsymbol{X}_2$ の 2 つのベクトルの合成は平行四辺形を描いた対角線のベクトル X で求められる．$\boldsymbol{X}_1$, $\boldsymbol{X}_2$ は O 点のまわりを同一の角速度 ω で回転するので，

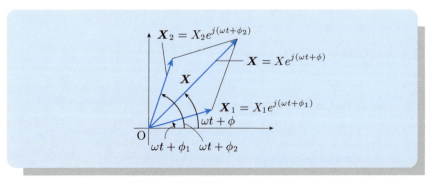

図 2.5　調和振動のベクトル合成

2.3 調和振動の合成

2つのベクトルの相対位置は変わらず，したがって，合成ベクトル $\boldsymbol{X}$ も一定の大きさを保ち，角速度 ω で回転する運動となる．

また，複素数表示を用いて振動合成を表すと，

$$\begin{aligned}
\boldsymbol{X} &= \boldsymbol{X}_1 + \boldsymbol{X}_2 \\
&= X_1 e^{j(\omega t + \phi_1)} + X_2 e^{j(\omega t + \phi_2)} \\
&= (X_1 e^{j\phi_1} + X_2 e^{j\phi_2}) e^{j\omega t} \\
&= X e^{j\phi} e^{j\omega t} = X e^{j(\omega t + \phi)}
\end{aligned} \tag{2.18}$$

ここで，

$$X e^{j\phi} = (X_1 \cos\phi_1 + X_2 \cos\phi_2) + j(X_1 \sin\phi_1 + X_2 \sin\phi_2) \tag{2.19}$$

となり，X および ϕ はそれぞれ式 (2.16), (2.17) で与えられる．

2.3.2 異なる振動数の振動の合成

振動数の異なる2つの調和振動をそれぞれ，

$$\left. \begin{aligned} x_1 &= X_1 \cos(\omega_1 t + \phi_1) \\ x_2 &= X_2 \cos(\omega_2 t + \phi_2) \end{aligned} \right\} \tag{2.20}$$

とすると，合成された運動は，

$$\begin{aligned}
x &= x_1 + x_2 \\
&= X_1 \cos(\omega_1 t + \phi_1) + X_2 \cos(\omega_2 t + \phi_2)
\end{aligned} \tag{2.21}$$

で表されるが，この場合は調和振動とはならず，振幅が時間とともに変動し，かつ振動数は一定周期を持たない．しかしながら，2つの振動の振動数比が整数比となる場合，すなわち m, n を正素数として

$$\frac{\omega_1}{m} = \frac{\omega_2}{n} \ (\equiv \omega) \tag{2.22}$$

の関係がある場合は，

$$T = \frac{2\pi}{\omega} \tag{2.23}$$

を周期とする周期運動になる．言い換えれば，合成された運動はもとの振動の周期の最小公倍数を周期とする周期運動になる．

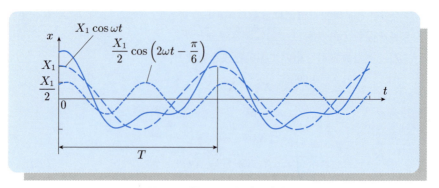

図 2.6 異なる周期の調和振動の合成
$$x = X_1 \cos \omega t + \frac{X_1}{2} \cos \left(2\omega t - \frac{\pi}{6}\right)$$

図 2.6 は振動数比が 1：2 の場合の振動を合成した波形例を示したものである．このように単純な振動の組合せにもかかわらず，得られる運動は，かなり複雑な波形を持つ周期運動となることがわかる．周期の比が整数とならない場合，すなわち無理数となるようなときは合成された運動は周期運動とはならない．

つぎに，2 つの振動の振動数の差が小さいときを考える．この場合は合成された波形は振幅が周期的に増減する振動となる．簡単のために式 (2.20) において，

$$\omega_2 - \omega_1 = \Delta\omega, \quad X_1 = X_2 = X, \quad \phi_1 = \phi_2 = 0$$

とおくと，合成された運動は

$$\begin{aligned} x &= x_1 + x_2 \\ &= X\{\cos \omega_1 t + \cos(\omega_1 + \Delta\omega)t\} \end{aligned} \quad (2.24)$$

ここで，次式の関係を用いる．

$$\cos A + \cos B = 2 \cos \left(\frac{A+B}{2}\right) \cos \left(\frac{A-B}{2}\right)$$

すると，式 (2.24) は

$$x = 2X \cos \left(\frac{\Delta\omega}{2}t\right) \cos \left(\omega_1 + \frac{\Delta\omega}{2}\right)t \quad (2.25)$$

となる．したがって，波形 $x(t)$ は，振幅が $2X \cos(\Delta\omega t/2)$ で変動し，角振動数が $(\omega_1 + \Delta\omega/2)$ となる余弦波とみなすことができる．このように振幅が周期的

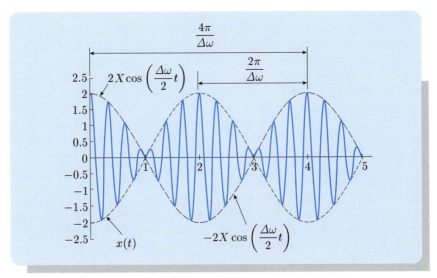

図 2.7 わずかの振動数差の振動の合成（うなり）
$$x(t) = \cos 6\pi t + \cos 7\pi t$$

に増減する現象を**うなり** (beat) という．図 2.7 はうなりの波形例を示したものである．波形 $x(t)$ の振幅の周期は $4\pi/\Delta\omega$ であり，うなりの周期は，その半分となる．すなわち，式 (2.20) において $X_1 \neq X_2$ のときは，振幅が $X_1 + X_2$ と $|X_1 - X_2|$ の間を周期 $2\pi/\Delta\omega$ で増減する運動となる．

2.3.3 リサージュの図形

同一平面上で，互いに直角な方向に運動する 2 つの調和振動の合成を考えてみよう．直交する座標軸を x 軸，y 軸とし，2 つの振動が，

$$\left.\begin{array}{l} x = X\cos(\omega_1 t + \phi_1) \\ y = Y\cos(\omega_2 t + \phi_2) \end{array}\right\} \quad (2.26)$$

で与えられるとする．合成された点は $x = \pm X$, $y = \pm Y$ で囲まれた長方形の範囲内でさまざまな軌跡を描く．

軌跡の式は式 (2.26) から t を消去することによって求められ，たとえば，$\omega_1 = \omega_2$ のときは，$\phi = \phi_2 - \phi_1$ とおいて，

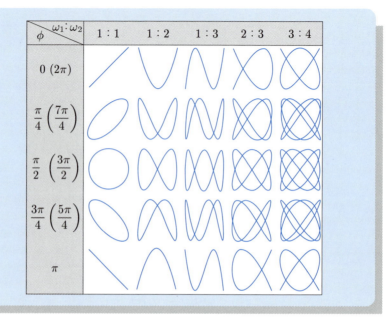

図 2.8 リサージュの図形
$$x = \cos\omega_1 t, \ y = \cos(\omega_2 t + \phi)$$

$$\frac{x^2}{X^2} - \frac{2xy}{XY}\cos\phi + \frac{y^2}{Y^2} = \sin^2\phi \tag{2.27}$$

で表される．すなわち，主軸の方向が ϕ の値によって変化する楕円となる．ω_1 と ω_2 とが等しくない場合は一般に軌跡は複雑な図形を描く．図 2.8 はさまざまな角振動数比と位相差に対する図形を描いたものであり，このような図形を**リサージュの図形** (Lissajous figure) という．

　リサージュの図形は，2 つの信号の振動数や位相の関係を実測するのに大変に有効な手段である．たとえば制御系におけるゲインや位相特性を実測する際，入力と出力の 2 信号をそれぞれ x 軸，y 軸に入れてリサージュの図形を描かせることによって，その系の特性が直感的にわかるとともに定量的な評価が容易になる．

2.4 フーリエ級数

前節では，周期が整数比をなすいくつかの調和振動を合成すると，得られる運動はそれらの周期の最小公倍数を周期とする周期運動となることが示された．これと逆に，任意波形の周期運動がある場合，この運動はその周期 T，および T の整数分の 1 を周期とするいくつかの調和振動の和として表すことができる．すなわち，$f(\omega t)$ を周期 $T = 2\pi/\omega$ の周期関数とすると，この関数は角振動数 $\omega, 2\omega, 3\omega, \cdots$ の調和振動の和として

$$f(\omega t) = C_0 + \sum_{k=1}^{\infty} C_k \cos(k\omega t + \phi_k)$$

$$= \frac{A_0}{2} + \sum_{k=1}^{\infty} (A_k \cos k\omega t + B_k \sin k\omega t) \quad (2.28)$$

なる形で表される．このような級数のことを**フーリエ級数** (Fourier series) と呼ぶ．式 (2.28) における各係数はつぎの式により求められる．

$$A_k = \frac{1}{\pi} \int_c^{c+2\pi} f(\omega t) \cos k\omega t \, d(\omega t) \quad (2.29)$$

$$B_k = \frac{1}{\pi} \int_c^{c+2\pi} f(\omega t) \sin k\omega t \, d(\omega t) \quad (2.30)$$

$$C_0 = A_0/2, \quad C_k = \sqrt{A_k^2 + B_k^2}, \quad \tan \phi_k = -B_k/A_k \quad (2.31)$$

式 (2.28) における第 1 項目の $C_0 (= A_0/2)$ は関数 $f(\omega t)$ の変動の平均値，すなわち直流的成分の大きさを表しており，また，A_k の項は偶関数の成分を，B_k の項は奇関数の成分を表している．

各係数の計算に際しては，関数 $f(\omega t)$ が明らかに直流的成分を含まないようなときは C_0 の計算を省略することができ，$f(\omega t)$ が明らかに偶関数のときは B_k の項を，奇関数である場合は A_k の項の計算を省略することができる（それぞれの場合の係数は 0 となる）．

つぎに，例題として，図 2.9(a) に示すような三角波のフーリエ級数を求めてみる．図に示される波形は，$-\pi$ から π までの区間に着目してつぎのように表される．

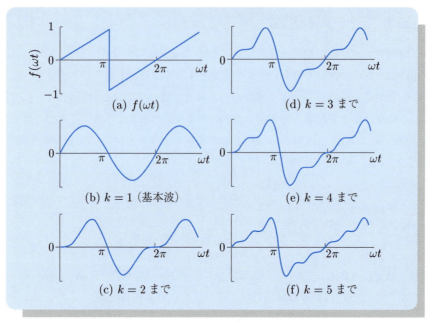

図 2.9 フーリエ級数の部分和による波形の変化

$$f(\omega t) = \frac{1}{\pi}(\omega t) \quad (-\pi \leq \omega t < \pi) \tag{2.32}$$

式 (2.29), (2.30) に $f(\omega t)$ の関数を代入し，積分すると，

$$\begin{aligned} A_k &= \frac{1}{\pi} \int_{-\pi}^{\pi} f(\omega t) \cos k\omega t d(\omega t) \\ &= \frac{1}{\pi^2} \int_{-\pi}^{\pi} (\omega t) \cos k\omega t d(\omega t) = 0 \end{aligned} \tag{2.33}$$

（注：$f(\omega t)$ は奇関数であるので，この計算は省略することができる．）

$$\begin{aligned} B_k &= \frac{1}{\pi} \int_{-\pi}^{\pi} f(\omega t) \sin k\omega t d(\omega t) \\ &= \frac{1}{\pi^2} \int_{-\pi}^{\pi} (\omega t) \sin k\omega t d(\omega t) = -\frac{2}{k\pi} \cos k\pi \end{aligned} \tag{2.34}$$

これに，$k = 1, 2, 3, \cdots$ を代入することにより，関数 $f(\omega t)$ のフーリエ級数展開として，

$$f(\omega t) = \frac{2}{\pi}\left(\sin\omega t - \frac{1}{2}\sin 2\omega t + \frac{1}{3}\sin 3\omega t - \cdots\right) \tag{2.35}$$

を得る．図 2.9(b)〜(f) は第 1 項目から順に高次の項を加えていったときの波形の変化の様子を示したものであり，高次になるほど，波形はもとの三角波に近づいていくことがわかる．

実際問題としては，さまざまな機械やシステムの中でみられる振動は複雑な波形を呈するため，波形を式 (2.32) のような関数の形で表すことができないことが多い．このような場合は図 2.10 に示されるように波形データを適当な時間間隔でサンプリングし，個々の得られた値と求めようとする級数との偏差ができるだけ小さくなるように，A_k，B_k を最小二乗法で求める方法が用いられる．計算の方法は次式に示されるように数値的に処理され，$f(\omega t)$ の式は無限級数の代わりに有限項の級数（近似式）で表される．

$$f(\omega t) = \frac{A_0}{2} + \sum_{k=1}^{n} A_k \cos k\omega t + \sum_{k=1}^{n-1} B_k \sin k\omega t \tag{2.36}$$

$$A_k = \frac{1}{n}\sum_{p=1}^{2n} f_p \cos\frac{\pi k p}{n} \tag{2.37}$$

$$B_k = \frac{1}{n}\sum_{p=1}^{2n} f_p \sin\frac{\pi k p}{n} \tag{2.38}$$

ただし，$k = 0, 1, 2, \cdots, n$

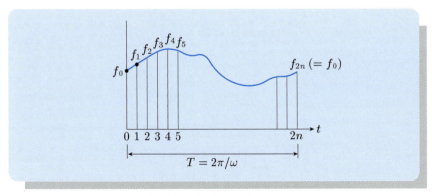

図 2.10　数値フーリエ解析

求められる有限フーリエ級数の項の数はサンプリング間隔に依存し，より高次の項まで必要なときはサンプリングの間隔を小さくとる必要がある．

例題 1

図に示すような波形のフーリエ級数を求めよ．

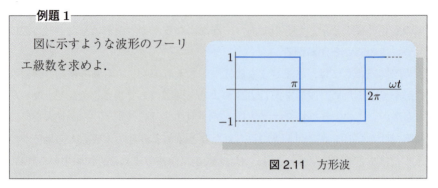

図 2.11 方形波

解答

$$f(\omega t) = \begin{cases} 1, & 0 \leq \omega t < \pi \\ -1, & \pi \leq \omega t < 2\pi \end{cases}$$

$f(\omega t)$ は奇関数であるので，$A_k = 0$

$$B_k = \frac{1}{\pi} \int_0^{2\pi} f(\omega t) \sin k\omega t \, d(\omega t)$$
$$= \frac{1}{\pi} \int_0^{\pi} \sin k\omega t \, d(\omega t) + \frac{1}{\pi} \int_{\pi}^{2\pi} (-\sin k\omega t) d(\omega t) = \frac{2}{k\pi}(1 - \cos k\pi)$$

したがって，フーリエ級数は，

$$f(\omega t) = \frac{4}{\pi} \sin \omega t + \frac{4}{3\pi} \sin 3\omega t + \frac{4}{5\pi} \sin 5\omega t + \cdots$$

第 2 章の問題

☐ **1** 振幅 0.1 mm，振動数 100 Hz の調和振動の最大速度，最大加速度を求めよ．

☐ **2** 質量 1 kg の物体を振幅 0.5 mm，振動数 60 Hz で正弦波加振している．最大速度，最大加速度，および加振力を求めよ．また，最大加速度を $1g$ ($g =$ 重力加速度 $9.8\,\mathrm{m/s^2}$) 以下にするためには振幅をいくらにするべきか．

☐ **3** $x_1 = a_1 \sin \omega t$, $x_2 = a_2 \sin(\omega t + \phi)$ において，$a_1 = 3\,\mathrm{mm}$, $a_2 = 5\,\mathrm{mm}$, $\omega = 10\pi\,\mathrm{rad/s}$, $\phi = \pi/2\,\mathrm{rad}$ のとき，$x = x_1 + x_2$ の変位，速度，加速度の最大値を求めよ．

☐ **4** 時速 80 km/h で質量 1,000 kg の車が壁に衝突するときに，壁面が受ける力積はいくらか．これは高さ何 m のところから落下する衝撃に等しいか．ただし，空気抵抗は無視する．

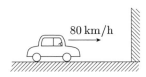

☐ **5** 質量 10 kg の剛体が，2 m/s の速度で一端を壁に固定されたばね定数 98 N/mm のばねに衝突する．ばねは何 mm 変位するか．そのとき壁が受ける最大力はいくらか．

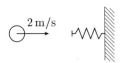

第 3 章
1自由度系の自由振動

　振動系をある不平衡の状態から手放すと，外部から何ら振動的な力を加えないにもかかわらず，しばらく振動しながら徐々に平衡位置に近づき，やがて停止する．このような自由振動の挙動を調べることによって，系の基礎的な特性を知り，さらにさまざまな場合の応答を推定することが可能になる．特に，系の固有振動数を知ることは機械を設計したり使用するうえで大変重要である．

　この章では，まず1自由度系で減衰がない場合の各種の振動モデルについて，固有振動数の求め方と自由振動について学び，さらに，系にさまざまな減衰のある場合の挙動について調べる．

3.1　1自由度系

　ある力学系について，任意時刻における系の位置や姿勢を表すために必要な最小限の座標系の数を**自由度** (degree of freedom) といい，n 個の座標を定めないとその系の運動が表せない場合を **n 自由度の系である**という．

　いま，図 3.1 に示すような，ばね質量系の上下運動を考えてみる．ばねの質量を無視すると，この系の運動はばねの先端に取り付けられた質量の座標のみによって表され，系は 1 自由度系となる．しかしながら，同じばね質量モデルでも，質量が上下運動だけでなく前後，左右の運動（揺れ）やねじり運動などを伴うと，系の自由度は x, y, z の各軸に対する直線運動と各軸まわりの回転運動を考慮しなければならなくなり，系は合計して 6 自由度を有することとなる．さらに，ばねの分布質量を考慮に入れると，系は無限自由度系になる．

　このように同じ振動系でもさまざまなレベルでのモデル化が可能であり，第 1 章でも述べたように解析の初期段階において，その目的に合致したモデルの設定が非常に重要である．

　実際問題として，我々を取り巻くさまざまな機械システムや構造物において，一見複雑に見える振動系でも，十分な精度で 1 自由度系に近似できたり，1 自由度の解析手法を応用することによって，その特性を十分知ることができる事

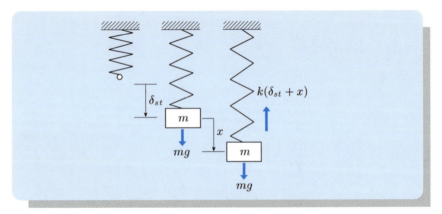

図 3.1　1 自由度不減衰系の自由振動

例もかなり多い．本章ではこのような振動問題の基礎としての1自由度系の自由振動について述べる．

3.2 不減衰系の振動

3.2.1 ばね質量系（直線系）の振動

(1) 運動方程式

重力場において，図 3.1 に示すような，ばねに吊るされた質量 m の上下運動を考えてみる．ばね自身の質量は m に比べて十分に小さく無視できるものとし，また，ばねの変形はフックの法則に従うものとして，**ばね定数** (spring constant) を k で表す．いま，自然長（無負荷状態での長さ）l_0 のばねに，質量 m が静かに吊るされたとすると，ばねは図のように δ_{st} だけ伸びて平衡を保つ．δ_{st} は**静たわみ** (static deflection) と呼ばれ，次式で求められる．

$$\delta_{st} = \frac{mg}{k} \tag{3.1}$$

ここで，g は重力加速度である．

この静的な平衡状態に何らかの外乱が加えられると質量は平衡点のまわりに振動を始める．便宜上，平衡位置からの質量の変位を x で表し，下向きを正とする．質量には重力 mg と，ばねの復元力 $-k(x+\delta_{st})$ とが作用しているが，「質量に作用する力は質量の運動量の時間的な変化の割合に等しい」という**ニュートンの運動法則**から，つぎの**運動方程式** (equation of motion) が導かれる．

$$m\ddot{x} = mg - k(x + \delta_{st}) \tag{3.2}$$

さらに，式 (3.1) を考慮すると，

$$m\ddot{x} = -kx \tag{3.3}$$

が得られる．なお，質量 m が $\ddot{x}$ なる加速度で運動しているとき，「この質点には $-m\ddot{x}$ なる静的力（慣性力：inertia force）が作用していると形式的に考えることができる」という**ダランベールの原理** (d'Alembert's principle) より運動方程式を導くこともできる．すなわち，静的な力の釣り合いに置きかえて，次式が求められる．

$$(-m\ddot{x}) - kx = 0 \tag{3.4}$$

(2) 運動方程式の解

式 (3.3) の運動方程式の両辺を質量 m で割り，

$$\ddot{x} + \omega_n^2 x = 0 \tag{3.5}$$

のように置きかえて考える．ここで ω_n は，

$$\omega_n = \sqrt{\frac{k}{m}} \tag{3.6}$$

であり，[rad/s] の単位を持つ．式 (3.5) の微分方程式は $x = \cos\omega_n t$ および $x = \sin\omega_n t$ なる2つの解を持つことが容易に導かれるが，それぞれの解に任意定数 A, B を掛けて線形結合した，

$$x = A\cos\omega_n t + B\sin\omega_n t \tag{3.7}$$

もまた，式 (3.5) の解となる．このような2個の独立な任意定数を持つ微分方程式の解を**一般解** (general solution) という．

式 (3.7) は同一の角振動数を持つ調和振動の合成となるから，A, B の値に関係なく，合成された振動もやはり ω_n の角振動数を持つ調和振動となる．このときの振動数を f_n，周期を T_n とすると，それぞれ，

$$f_n = \frac{\omega_n}{2\pi} = \frac{1}{2\pi}\sqrt{\frac{k}{m}} \quad [\text{Hz}] \tag{3.8}$$

$$T_n = \frac{1}{f_n} \quad [\text{sec}] \tag{3.9}$$

のように求められる．f_n は**固有振動数** (natural frequency)，T_n は**固有周期** (natural period) と呼ばれる．なお，ω_n も固有振動数といわれることがあるので注意を要する．実験的には振動数は [Hz] で測定されるので，一般に固有振動数というときには f_n を指している．

質量 m が重力場で鉛直方向に吊るされている限りにおいて，式 (3.8) は式 (3.1) による静たわみを用いてつぎのように書きかえることができる．

$$f_n = \frac{1}{2\pi}\sqrt{\frac{g}{\delta_{st}}} \tag{3.10}$$

この式より静たわみ δ_{st} がわかれば，容易に固有振動数を計算することができる．

つぎに質量 m の振幅について考える．質量は式 (3.7) に示されるように任意定数 A, B によってさまざまな運動をとり得るが，系の**初期条件** (initial condition)

3.2 不減衰系の振動

が与えられると一意に決まる．いま，初期条件を，

$$t = 0 \text{ のとき}, \quad x = x_0, \quad \dot{x} = v_0 \tag{3.11}$$

とすると，この条件を満たす A, B は，$A = x_0, B = v_0/\omega_n$ となり，したがって運動の式は，

$$x = x_0 \cos \omega_n t + \frac{v_0}{\omega_n} \sin \omega_n t \tag{3.12}$$

または，

$$x = X_0 \cos(\omega_n t - \phi_0) \tag{3.13}$$

ここで，

$$\left. \begin{array}{l} X_0 = \sqrt{x_0^2 + (v_0/\omega_n)^2} \\ \phi_0 = \tan^{-1}(v_0/\omega_n x_0) \end{array} \right\} \tag{3.14}$$

で表される．このように，微分方程式の一般解を求め，初期条件を考慮することによって時間軸に対する系の運動（x の変位）を求めることができる．この場合の運動を**自由振動** (free vibration) という．

例題 1

$m = 10\,\mathrm{kg}, k = 200\,\mathrm{N/mm}$ のばね質量系が初期変位 $x_0 = 5\,\mathrm{mm}$, 初速度 $v_0 = 1\,\mathrm{m/s}$ で運動を始めた．系の固有振動数，振幅，初期位相，最大加速度を求めよ．

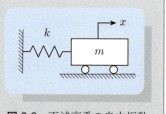

図 3.2 不減衰系の自由振動

解答 固有振動数：式 (3.6) および式 (3.8) より

$$\omega_n = \sqrt{\frac{k}{m}} = \sqrt{\frac{200}{10} \frac{[\mathrm{m \cdot kg \cdot s^{-2}}/10^{-3}\mathrm{m}]}{[\mathrm{kg}]}} = 141\,[\mathrm{rad/s}]$$

$$f_n = \frac{\omega_n}{2\pi} = 22.5\,[\mathrm{Hz}]$$

振幅：式 (3.14) より，

$$X_0 = \sqrt{x_0^2 + (v_0/\omega_n)^2} = \sqrt{5^2 + (10^3/141)^2} = 8.68\,[\mathrm{mm}]$$

初期位相：式 (3.14) より，

$$\phi_0 = \tan^{-1}(v_0/\omega_n x_0) = \tan^{-1}\left(\frac{1000}{141 \times 5}\right) = 0.957 \text{ [rad]}$$

最大加速度：$\alpha_{\max} = X_0 \omega_n^2 = 8.68 \times 10^{-3} \times 141^2 = 173 \text{ [m/s}^2]$ ∎

(3) ばねの復元力とばね定数

振動系においては，慣性体が平衡位置からずれると，もとの位置に戻そうとする力，すなわち**復元力** (restoring force) が作用する．復元力を発生させる代表的な機械要素を**ばね** (spring) と総称するが，ばねは図 3.3 に示されるようにその形状や寸法によってさまざまな特性を持っている．図の (a) のようにばねに作用する力（復元力）f と，ばねの変位 x とが比例関係にあるばねは**線形ばね**といわれ，解析的に厳密な取り扱いが可能である．しかし (b) のように f と x とが比例関係にないものや，(c) のようにヒステリシスがあるような場合は，いわゆる非線形振動となって取り扱いはかなり難しくなる．実際上は，厳密にみれば線形なばねは存在しないが，振幅を制限することによって近似的に線形な系として取り扱っても十分なことが多い．

表 3.1 はさまざまなばね要素に対するばね定数の例を示したものである．

3.2.2 回転系の振動

(1) 慣性モーメント

図 3.4 に示すような任意形状の剛体が，紙面に垂直な O 軸まわりに角加速度 $\ddot{\theta}$ で回転運動している．回転軸 O から距離 r にある微小質量を dm とし，局所的に外力 dF が働くとすると，運動の法則より，この微小部分には並進方向の

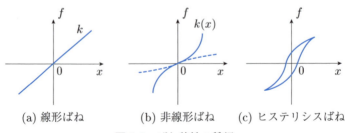

図 3.3　ばね特性の種類

3.2 不減衰系の振動

表 3.1 ばね特性の種類

ばねの種類	ばね定数
コイルばね	$\dfrac{\pi G d^4}{8ND^3}$ $d=$ 線素径 $D=$ コイル径 $N=$ 巻数 $G=$ 横弾性率
合成ばね (直列) (並列)	(直列) $k = \dfrac{1}{\dfrac{1}{k_1}+\dfrac{1}{k_2}} = \dfrac{k_1 k_2}{k_1+k_2}$ (並列) $k = k_1 + k_2$
片持ちはり	$\dfrac{3EI}{l^3}$ $E=$ 縦弾性率 $I=$ 断面2次モーメント
両端単純支持はり	$\dfrac{48EI}{l^3}$ $\dfrac{3EIl}{l_1^2 l_2^2}$ $l = l_1 + l_2$
両端固定はり	$\dfrac{192EI}{l^3}$
棒	$\dfrac{EA}{l}$ $A=$ 断面積

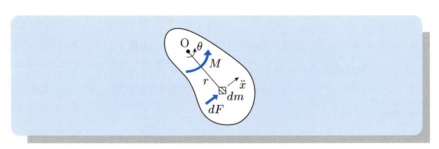

図 3.4 剛体の回転運動の様子

加速度 $\ddot{x}$ が生じる．この関係を運動方程式として表せば，

$$dm \cdot \ddot{x} = dF \tag{3.15}$$

ここで $x = r\theta$ を考慮し，さらに両辺に r を乗じて右辺をモーメント表現とすると，

$$r^2 dm\ddot{\theta} = rdF = dM \tag{3.16}$$

式 (3.16) を，全質量 m について積分すれば，

$$\int r^2 dm\ddot{\theta} = \int dM, \quad J\ddot{\theta} = M \tag{3.17}$$

ここで，

$$J = \int r^2 dm \tag{3.18}$$

を軸 O に関する**慣性モーメント** (moment of inertia) と定義し，[kg·m^2] の単位で表す．さまざまな形状に対する慣性モーメント J を表 3.2 に示す．

なお，慣性モーメント J は，慣性体の質量を m とおけば，

$$J = m\kappa^2 \tag{3.19}$$

と置きかえることもある．この κ を，**回転半径** (radius of gyration) と呼ぶ．

(2) ねじり振動

図 3.5 に示すように軸の先端に取り付けられた円板の**ねじり振動** (torsional vibration) について考える．円板が平衡の位置から θ だけ回転すると，円板には軸の剛性により $k\theta$ なる復元モーメントが作用する．このような回転振動系（ねじり振動系）においては，力の代わりに**トルク（モーメント）**の釣り合いを考慮して，直線運動系のときと同様に運動方程式を導くことができる．

いま，J を図 3.5 における O–O 軸まわりの円板の慣性モーメントとすると，系の運動方程式は，

$$J\ddot{\theta} + k\theta = 0 \tag{3.20}$$

で表される．ここで k は軸のねじり剛性であり，図のように長さ l，直径 d，横弾性係数 G の丸棒では，つぎの式 (3.21) で表される．

$$k = \frac{\pi G d^4}{32l} \tag{3.21}$$

3.2 不減衰系の振動

表 3.2 さまざまな形状に対する慣性モーメント J(いずれも質量 m とする)

形状		J_x	J_y
棒	l, y, x	0	$\dfrac{ml^2}{12}$
円板	r, y, x	$\dfrac{mr^2}{2}$	$\dfrac{mr^2}{4}$
直方体	b, a, c, y, x	$\dfrac{m(a^2+b^2)}{12}$	$\dfrac{m(a^2+c^2)}{12}$
円柱	l, r, y, x	$\dfrac{mr^2}{2}$	$\dfrac{m(3r^2+l^2)}{12}$
球	r, y, x	$\dfrac{2}{5}mr^2$	$\dfrac{2}{5}mr^2$

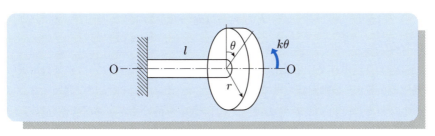

図 3.5 ねじり振動系

一方,運動方程式 (3.20) は (3.3) と同じ形であるから,系の固有振動数 f_n は,

$$f_n = \frac{1}{2\pi}\sqrt{\frac{k}{J}} \tag{3.22}$$

で求められる.

例題 2

図に示すような 2 つの円板 J_1, J_2 がねじり剛性 k の軸の両端に取り付けられた系の固有振動数を求めよ.

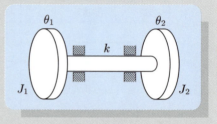

図 3.6 2 つの回転円板を持つ系のねじり振動

解答 円板 J_1 の角変位を θ_1, 円板 J_2 の角変位を θ_2 で表す. 軸は $(\theta_1 - \theta_2)$ だけねじれているから, J_1 に作用する復元モーメントは $-k(\theta_1 - \theta_2)$ となり, J_1 の運動方程式は,

$$J_1 \ddot{\theta}_1 = -k(\theta_1 - \theta_2) \tag{1}$$

で表される. 同様に J_2 では,

$$J_2 \ddot{\theta}_2 = -k(\theta_2 - \theta_1) \tag{2}$$

となる.

このように系は 2 つの座標を用いないと運動が決定されないため 2 自由度の問題となるが, 振動問題だけに着目すると, J_1 と J_2 の相対変位が問題となってくる. いま, 式 (1) に J_2 を掛け, 式 (2) に J_1 を掛けて両辺の引き算を行うと,

$$J_1 J_2 (\ddot{\theta}_1 - \ddot{\theta}_2) = -k(J_1 + J_2)(\theta_1 - \theta_2) \tag{3}$$

を得る. さらに,

$$\theta_1 - \theta_2 = \theta$$
$$\frac{J_1 J_2}{J_1 + J_2} = J$$

とおくと, 式 (3) は,

$$J \ddot{\theta} = -k\theta \tag{4}$$

となり, 1 自由度の問題として取り扱うことができる. すなわち固有振動数は,

3.2 不減衰系の振動   33

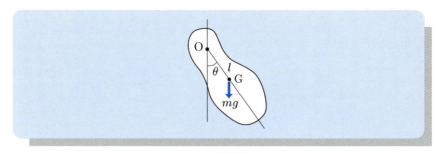

図 3.7 物理振り子

$$f_n = \frac{1}{2\pi}\sqrt{\frac{k}{J}} \tag{5}$$

で表される．

(3) 単振り子

振り子の重心まわりの慣性モーメントを J_G とすると，O 点まわりの慣性モーメント J は，

$$J = J_G + ml^2 \tag{3.23}$$

より求められる．

$J_G = 0$ とした振り子を**単振り子** (simple pendulum) と呼び，その固有振動数は，

$$f_n = \frac{1}{2\pi}\sqrt{\frac{g}{l}} \tag{3.24}$$

で表される．式 (3.24) より明らかなように，単振り子の固有振動数は質量に無関係で，重力加速度 g および振り子の長さ l によって決定される．

(4) 物理振り子

図 3.7 に示されるように，任意の物体を支点 O で吊り下げ，O 点のまわりで回転できるようにした振り子を**物理振り子** (physical pendulum) という．振り子の質量を m，重心 G と支点との距離を l とすると，振り子が θ だけ傾いたときには重力の作用によって $mgl\sin\theta$ なる復元モーメントが作用する．

したがって，振り子の O 点まわりの慣性モーメントを J とすると，運動方程式はつぎのように表される．

$$J\ddot{\theta} = -mgl\sin\theta \tag{3.25}$$

θ が小さいときは，

$$\sin\theta \approx \theta \tag{3.26}$$

とおくことができ，運動方程式は，

$$J\ddot{\theta} = -mgl\theta \tag{3.27}$$

となる．これは式 (3.20) と同じ形になり，固有振動数は次式で求められる．

$$f_n = \frac{1}{2\pi}\sqrt{\frac{mgl}{J}} \tag{3.28}$$

(5) 水平振り子

図 3.8 のように，回転軸が垂直方向に対して α だけ傾いた振り子を**水平振り子**という．重心 G には mg なる重力が作用して，振り子の運動には回転軸に垂直な成分 $mg\sin\alpha$ が関与することになる．したがって，振り子に作用する復元モーメントは $mgl\sin\alpha\sin\theta$ となり，運動方程式は，

$$J\ddot{\theta} = -mgl\sin\alpha\sin\theta \tag{3.29}$$

で表される．前出のように微小振動では $\sin\theta \fallingdotseq \theta$ と近似することができ，系の固有振動数は，

$$f_n = \frac{1}{2\pi}\sqrt{\frac{mgl\sin\alpha}{J}} \tag{3.30}$$

で求められる．この式より明らかなように，α を小さくすることで f_n を小さくすることができ，水平振り子を用いて長周期の振り子が作成可能となる．

(6) 倒立振り子

図 3.9 のように，回転の中心が重心の下側にあるような振り子を**倒立振り子**という．振り子は，図に示されるように両側からばねによって支えられ，平衡位置のまわりで振動する．いま，J を支点のまわりの慣性モーメント，m を質量，l を重心と支点との距離，h をばねの取付け位置と支点との距離とする．振り子が平衡位置から θ だけ傾くと，ばねによる復元モーメント $kh^2\theta$ が作用し，また θ を増加させる方向に重力の成分 $mgl\sin\theta$ が作用する．したがって，運動方程式は，

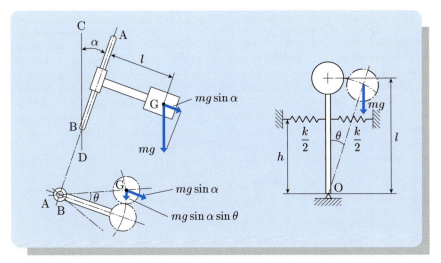

図 3.8 水平振り子   図 3.9 倒立振り子

$$J\ddot{\theta} = mgl\sin\theta - kh^2\theta \tag{3.31}$$

で表され，さらに $\sin\theta \fallingdotseq \theta$ とおいて，

$$J\ddot{\theta} = (mgl - kh^2)\theta \tag{3.32}$$

を得る．$kh^2 > mgl$ のとき系は振動を行い，このときの固有振動数は，

$$f_n = \frac{1}{2\pi}\sqrt{\frac{kh^2 - mgl}{J}} \tag{3.33}$$

となる．$(kh^2 - mgl)$ を小さくとることによって，長周期の振り子を得ることができる．

3.2.3 等価系とエネルギ方程式

　ある振動系の運動の機構が複雑であっても，その系が単一自由度を持つならば，系内のある1点の動きによって他のすべての点の運動が決まるので，系の全質量をその1点に集中させたものとして置きかえることが可能である．このように等価的に置きかえた質量を**等価質量** (equivalent mass) と呼ぶ．その大きさは，振動系の全運動エネルギが，等価質量と，置換の代表点における振動速度との積から導かれる運動エネルギに等しいという条件から求められる．

図 3.10 レーリー法による固有振動数算出の手順

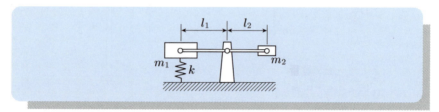

図 3.11 てこで結ばれた 2 質量からなる 1 自由度振動系

一般の弾性体のような分布系の場合においても，1 自由度系の場合と同様に，特定点の動きを他の点の動きと関係付けられるので，系の振動中の変形を仮定して分布系の運動エネルギを求め，そのエネルギと等しい集中質量系に置きかえて系をモデル化することが可能である．このように，運動を仮定してエネルギ法により固有振動数を求める方法を**レーリー法** (Reyleigh method) と呼ぶ．図 3.10 にレーリー法の手順を示す．

(1) 剛体系の等価質量

例として，図 3.11 に示す系について考える．いま，質量 m_1 が速度 $\dot{x}_1$，質量 m_2 が速度 $\dot{x}_2$ で振動しているものとすると，支点から両質量までの長さ比を考慮して，この系の全運動エネルギ T は，

$$T = \frac{1}{2}m_1\dot{x}_1^2 + \frac{1}{2}m_2\dot{x}_2^2 = \frac{1}{2}m_1\dot{x}_1^2 + \frac{1}{2}m_2\left(\frac{l_2}{l_1}\dot{x}_1\right)^2 = \frac{1}{2}\left\{m_1 + m_2\left(\frac{l_2}{l_1}\right)^2\right\}\dot{x}_1^2 \tag{3.34}$$

したがって，系の運動の代表点を質量 m_1 の位置に定めたとき，質量 m_2 によって質量 m_1 に付加される等価質量 m_e はつぎのように求められる．

$$m_e = m_2\left(\frac{l_2}{l_1}\right)^2 \tag{3.35}$$

(2) 分布系の等価質量

これまでは，ばねの質量は無視できるものとして取り扱ってきたが，実際問題としてこれを無視できないことも多い．ばねの質量を考慮に入れると系は分布系となるため連続体の振動としての取り扱いが必要になる．しかしながら，連続体の振動では一般に解析的に厳密な解を求めることが困難なことも多く，また計算が非常に複雑になる．そこで，等価的な運動エネルギを考慮することにより，分布質量を集中質量に近似して簡便に系の固有振動数を推定することを考える．

a. コイルばねの等価質量

図 3.12 に示すような質量 m_s のコイルばねに吊り下げられた質量 m の運動について考える．平衡点からの m の変位を x とし，固定端からの距離を u，ばねの単位長さ当たりの質量を ρ，ばねの長さ（平衡位置における）を l，u 点におけるばねの変位を y とする．いま，$m_s \ll m$ と仮定すると，十分な精度で

$$y = \frac{u}{l} x \tag{3.36}$$

とおくことができる．このときの系の運動エネルギを求めると，

$$\begin{aligned} T &= \frac{1}{2} m \dot{x}^2 + \int_0^l \frac{1}{2} \rho \dot{y}^2 du \\ &= \frac{1}{2} m \dot{x}^2 + \frac{1}{2} \rho \frac{\dot{x}^2}{l^2} \int_0^l u^2 du = \frac{1}{2} \left(m + \frac{1}{3} \rho l \right) \dot{x}^2 \end{aligned} \tag{3.37}$$

が得られ，ばねの等価質量は $m_s/3$ とみなすことができる．

すなわち，$(m + m_s/3)$ の集中質量がばね定数 k のばねの先端に取り付けられている系と等価であり，固有振動数は次式で近似的に求められる．

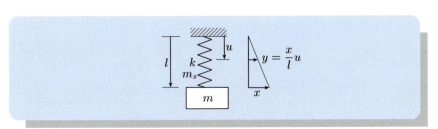

図 3.12 ばねの質量を考慮した系

$$f_n = \frac{1}{2\pi}\sqrt{\frac{k}{m+(m_s/3)}} \tag{3.38}$$

b. 片持ちはりの等価質量

図 3.13 に示すような一様断面を持つ片持ちはりについて考えてみる．いま，振動しているときの片持ちはりの変形を，はりの自由端に集中荷重があるときの静たわみ曲線に近似することにする．はりの自由端の変位を x とすると，固定端より u だけ離れた点のはりの変位 y は，

$$y = \frac{1}{2}x\left\{3\left(\frac{u}{l}\right)^2 - \left(\frac{u}{l}\right)^3\right\} \tag{3.39}$$

で与えられる．したがって，系の運動エネルギ T は，A をはりの断面積，ρ を密度として，次式で求められる．

$$\begin{aligned}T &= \frac{1}{2}m\dot{x}^2 + \int_0^l \frac{1}{2}\rho A \dot{y}^2 du \\ &= \frac{1}{2}\left(m + \frac{33}{140}\rho A l\right)\dot{x}^2\end{aligned} \tag{3.40}$$

すなわち，はりの等価質量は $(33/140)m_b$（m_b：はりの質量）となる．片持ちはりの等価ばね定数は表 3.1 から，

$$k = \frac{3EI}{l^3} \tag{3.41}$$

であるから，この系の固有振動数は，

$$f_n = \frac{1}{2\pi}\sqrt{\frac{3EI/l^3}{m+(33/140)m_b}} \tag{3.42}$$

で表される．

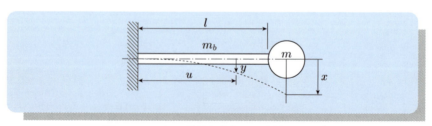

図 3.13　はりの質量を考慮した片持ちはり系

なお，ここで求めた固有振動数は系を1自由度系に等価的に近似したときの値であり，もっと高い振動数領域が問題になるときは，より高次のモードを考慮した近似を行うか，または連続体としての取扱いが必要になる．しかし，1自由度系とみなす分には，これらの近似式は十分な精度を有すると考えてよい．

(3) エネルギ法

系の運動方程式がわかれば，容易に固有振動数を求めることができる．しかしながら，振動系によっては力やトルク（モーメント）の釣り合いの関係式が非常に複雑になることも多く，このような場合，エネルギ保存の法則を用いて運動の式を求めると便利である．いま振動系に減衰などのエネルギ消費がないとすれば，系の全エネルギは保存され，**運動エネルギ** (kinetic energy) T と，重力やばねの変位として蓄えられる**位置エネルギ** (potential energy) U との和は一定になる．すなわち，

$$T + U = E \ (一定) \tag{3.43}$$

なる関係がある．

図 3.1 に示すばね質量系では，系の運動エネルギは，

$$T = \frac{1}{2}m\dot{x}^2 \tag{3.44}$$

で表される．また，平衡点から x だけ変位した点では，ばねの復元力は $k(x+\delta_{st})$ であるから，ばねに蓄えられるエネルギは，$\delta_{st} = mg/k$ を考慮して，

$$\int_0^x (kx + mg)dx = \frac{1}{2}kx^2 + mgx \tag{3.45}$$

で表される．一方，質量が重力場で x だけ変位すると mgx だけ位置エネルギが減少するため，系の位置エネルギは両者を加えて，

$$U = \frac{1}{2}kx^2 \tag{3.46}$$

となる．つまり，重力による位置エネルギは静たわみの項と互いに相殺するため，全体の位置エネルギとしては平衡点からのばねの位置エネルギのみを考えればよい．したがって，

$$\frac{1}{2}m\dot{x}^2 + \frac{1}{2}kx^2 = E \tag{3.47}$$

あるいは，両辺を時間で微分し，エネルギの変化率の式として，

$$\dot{x}(m\ddot{x} + kx) = 0 \tag{3.48}$$

が得られる．ここで $\dot{x} \neq 0$ とすれば，つぎの運動方程式が導かれる．

$$m\ddot{x} + kx = 0 \tag{3.49}$$

式 (3.49) の解は，

$$x = X_0 \cos(\omega_n t - \phi_0) \tag{3.50}$$

であることが容易にわかるので，この系における運動エネルギおよび位置エネルギの最大値 $T_{\max}$, $U_{\max}$ は，

$$T_{\max} = \frac{1}{2}m(X_0\omega_n)^2 \tag{3.51}$$

$$U_{\max} = \frac{1}{2}kX_0^2 \tag{3.52}$$

のように求められる．それぞれは全エネルギ E に等しくなるから，式 (3.51) と式 (3.52) を等値すると，

$$\frac{1}{2}m(X_0\omega_n)^2 = \frac{1}{2}kX_0^2 \tag{3.53}$$

したがって，

$$\omega_n^2 = \frac{k}{m} \tag{3.54}$$

が得られ，固有角振動数が求められる．このように，ある振幅で定常振動しているときの運動エネルギおよび位置エネルギの最大値から固有振動数を求める方法を**エネルギ法** (energy method) と呼ぶ．

例題 3

図のように，質量 m，半径 r の均一厚さの円板が，床面をすべらずに転がりながら振動している．この系の固有角振動数をエネルギ法で求めよ．

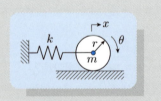

図 3.14 床面を転がる円板

解答 円板の並進運動と回転運動を，それぞれ座標 x, θ で表す．このとき，系の運動エネルギとポテンシャルはつぎのように表される．

$$T = \frac{1}{2}J\dot{\theta}^2 + \frac{1}{2}m\dot{x}^2$$

$$U = \frac{1}{2}kx^2$$

ここで，円板の中心まわりの慣性モーメント $J = mr^2/2$，および $x = r\theta$ を考慮すると，運動エネルギはつぎのように書き直せる．

$$T = \frac{1}{2} \cdot \frac{mr^2}{2}\left(\frac{\dot{x}}{r}\right)^2 + \frac{1}{2}m\dot{x}^2 = \frac{3}{4}m\dot{x}^2$$

円板の並進運動を $x = X\cos\omega_n t$ とすると，系の運動エネルギの最大値 $T_{\max}$ は，

$$T_{\max} = \frac{3}{4}m(X\omega_n)^2$$

一方，位置エネルギの最大値は，

$$U_{\max} = \frac{1}{2}kX^2$$

さらに $T_{\max} = U_{\max}$ とおいて，

$$\omega_n^2 = \frac{2k}{3m} \quad \therefore \quad \omega_n = \sqrt{\frac{2k}{3m}}$$

を得る． ∎

3.3 減衰系の自由振動

3.3.1 減衰機構

前節の振動モデルでは，運動方程式は慣性項と復元力（または復元モーメント）の項とのみで構成され，系の自由運動は正弦的で一定の振幅が無限に持続する運動となる．しかしながら，実際の系では空気抵抗，軸受部の摩擦，結合部の摩擦，材料の内部摩擦など，さまざまな要因によってエネルギが消費され，外からエネルギが与えられない限り振幅は徐々に小さくなって，やがて静止する．このように時間とともに振幅が小さくなってゆく振動を**減衰自由振動** (damped free vibration) という．

エネルギ消費の原因となる力を $-R$ とすれば，一般的に運動方程式は

$$m\ddot{x} + kx = -R \tag{3.55}$$

で表され，減衰の種類によって $-R$ はつぎのように分類される．

(1) 粘性減衰 (viscous damping)

流体中を物体が移動するとき物体に作用する抵抗力がこのモデルに相当し，流体摩擦とも呼ばれる．R は次式で表される．

$$R = c_1\dot{x} + c_2\dot{x}^2 + \cdots \tag{3.56}$$

一般に，速度があまり大きくないときは，

$$R = c_1\dot{x} \tag{3.57}$$

とみなすことができる．c_1 は**減衰係数** (damping coefficient) と呼ばれ，並進系では [N·s/m] の単位を持つ．

(2) クーロン減衰 (Coulomb damping)

固体と固体とが接触して相対すべり運動を行うとき相互に作用する摩擦力をモデル化したものであり，固体摩擦あるいは乾性摩擦ともいわれる．R は

$$R = F_c \,\mathrm{sign}(\dot{x}) \tag{3.58}$$

で表される．ここで F_c は一定値をとり，[N] の単位を持つ．

(3) 材料減衰 (material damping)

材料の内部摩擦 (internal damping) に起因する減衰であり，ばね力とあわせてつぎのように表される．

$$K(x)(= kx + R) = k(1 + j\gamma)x \tag{3.59}$$

ここで γ は**損失係数** (loss factor) と呼ばれる．j は虚数単位を表す．

(4) 構造減衰 (structural damping)

主として構造物の結合部などにおける微小すべりなどに起因して生ずる減衰であり，先の材料減衰と同じ扱いがなされる．

3.3.2 粘性減衰系の運動

(1) 運動の式と減衰振動波形

粘性減衰特性を示す代表的な機械要素としてはダッシュポットがあげられ，したがって粘性減衰系は通常，図 3.15 のようにダッシュポットを用いて表され

3.3 減衰系の自由振動

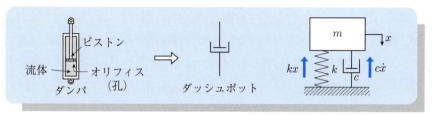

図 3.15 粘性減衰系

る.この系の運動について考えてみる.

系の減衰係数を c とすると運動方程式は

$$m\ddot{x} + c\dot{x} + kx = 0 \tag{3.60}$$

で表される.便宜上,両辺を m で割って,

$$\ddot{x} + 2\varepsilon\dot{x} + \omega_n^2 x = 0 \tag{3.61}$$

で表すことにする.ここで,

$$2\varepsilon = c/m, \quad \omega_n^2 = k/m \tag{3.62}$$

いま,運動方程式を解くために,

$$x = Ce^{\lambda t} \tag{3.63}$$

とおいて,式 (3.61) に代入すると,

$$C(\lambda^2 + 2\varepsilon\lambda + \omega_n^2)e^{\lambda t} = 0 \tag{3.64}$$

を得る.静止状態に相当する $C = 0$ を除き,時刻 t の値にかかわらずこの式が成立するためには,

$$\lambda^2 + 2\varepsilon\lambda + \omega_n^2 = 0 \tag{3.65}$$

を満足しなければならない.すなわち,

$$\left.\begin{array}{l} \lambda_1 = -\varepsilon + \sqrt{\varepsilon^2 - \omega_n^2} \\ \lambda_2 = -\varepsilon - \sqrt{\varepsilon^2 - \omega_n^2} \end{array}\right\} \tag{3.66}$$

が求められる.これらを式 (3.63) に代入し,任意定数 C_1, C_2 をそれぞれに掛けて加え合わせた

$$x = C_1 e^{\lambda_1 t} + C_2 e^{\lambda_2 t} \tag{3.67}$$

が，式 (3.61) の一般解となる．なお，式 (3.66) は ε と ω_n との大小の関係によって，実数解あるいは複素数解をとり，どちらをとるかによって系の運動の形は異なってくる．

ここで，便宜上

$$\left.\begin{array}{l} c_{cr} = 2\sqrt{mk} \\ \zeta = \dfrac{c}{c_{cr}} = \dfrac{\varepsilon}{\omega_n} \end{array}\right\} \tag{3.68}$$

なる変数を導入する．ここで c_{cr} は**臨界減衰係数**，ζ は**減衰比** (damping ratio) と呼ばれ，減衰比を用いて式 (3.66) を書きかえると，

$$\left.\begin{array}{l} \lambda_1 = \omega_n(-\zeta + \sqrt{\zeta^2 - 1}) \\ \lambda_2 = \omega_n(-\zeta - \sqrt{\zeta^2 - 1}) \end{array}\right\} \tag{3.69}$$

となる．$\zeta = 1$ のとき**臨界減衰** (critical damping)，$\zeta > 1$ のとき**過減衰** (over damping)，$\zeta < 1$ のとき**不足減衰** (under damping) といわれる．つぎに各ケースの運動について調べてみる．

a. $\zeta > 1$ の場合

式 (3.67) に λ_1, λ_2 を代入することによって，運動は

$$x = C_1 e^{(-\zeta + \sqrt{\zeta^2-1})\omega_n t} + C_2 e^{(-\zeta - \sqrt{\zeta^2-1})\omega_n t} \tag{3.70}$$

で表される．λ_1, λ_2 はともに負の実数をとるため，質量は図 3.16(a) に示されるように振動することなく，初期条件によっては 1 個だけ極値をとって平衡位置に漸近するような運動形態をとる．なお，

$$\omega_h = \omega_n \sqrt{\zeta^2 - 1} \tag{3.71}$$

とおいて，式 (3.70) を書きかえると，

$$x = e^{-\varepsilon t}\left\{(C_1 + C_2)\frac{e^{\omega_h t} + e^{-\omega_h t}}{2} + (C_1 - C_2)\frac{e^{\omega_h t} - e^{-\omega_h t}}{2}\right\} \tag{3.72}$$

すなわち，双曲線関数を用いて

$$x = e^{-\varepsilon t}(C\cosh\omega_h t + D\sinh\omega_h t) \tag{3.73}$$

のような形で表すこともできる．

3.3 減衰系の自由振動

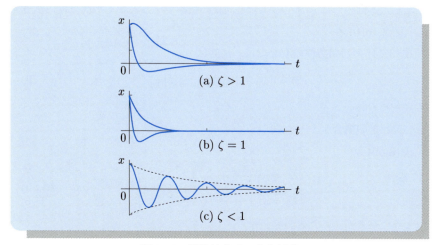

図 3.16　粘性減衰系の自由振動

いま,初期条件を

$$t = 0 \text{ において}, \quad x = x_0, \quad \dot{x} = v_0 \tag{3.74}$$

とすると,式 (3.73) の任意定数は,

$$C = x_0, \quad D = \frac{v_0 + \varepsilon x_0}{\omega_h} \tag{3.75}$$

となり,運動の式はつぎの式 (3.76) で表される.

$$x = e^{-\varepsilon t}\left(x_0 \cosh \omega_h t + \frac{v_0 + \varepsilon x_0}{\omega_h} \sinh \omega_h t\right) \tag{3.76}$$

b. $\zeta = 1$ の場合

この場合,式 (3.63) の代わりに,

$$x = (C_1 + C_2 t)e^{\lambda t} \tag{3.77}$$

とおいて式 (3.61) に代入し,$\varepsilon = \omega_n$ を考慮して λ を求めると,

$$\lambda = -\varepsilon$$

が得られる.したがって一般解は,

$$x = (C_1 + C_2 t)e^{-\varepsilon t} \tag{3.78}$$

第3章　1自由度系の自由振動

となる．運動の形は $\zeta > 1$ の場合と同様に振動することなく平衡位置に漸近する（図 3.16(b) 参照）．

式 (3.74) の初期条件のもとでは，運動は

$$x = \{x_0 + (v_0 + x_0\omega_n)t\} e^{-\varepsilon t} \tag{3.79}$$

で表される．

c. $\zeta < 1$ の場合

式 (3.69) は

$$\left.\begin{array}{l} \lambda_1 = \omega_n(-\zeta + j\sqrt{1-\zeta^2}) \\ \lambda_2 = \omega_n(-\zeta - j\sqrt{1-\zeta^2}) \end{array}\right\} \tag{3.80}$$

のように書きかえられる．

式 (3.67) に λ_1, λ_2 を代入し，一般解を求めると，

$$x = C_1 e^{(-\zeta+j\sqrt{1-\zeta^2})\omega_n t} + C_2 e^{(-\zeta-j\sqrt{1-\zeta^2})\omega_n t} \tag{3.81}$$

を得る．便宜上，

$$\omega_d = \omega_n\sqrt{1-\zeta^2} \tag{3.82}$$

とおくと，つぎのように書きかえることができる．

$$\begin{aligned} x &= e^{-\varepsilon t}(C_1 e^{j\omega_d t} + C_2 e^{-j\omega_d t}) \\ &= e^{-\varepsilon t}\left\{(C_1 + C_2)\frac{e^{-j\omega_d t} + e^{j\omega_d t}}{2} + (C_2 - C_1)\frac{e^{-j\omega_d t} - e^{j\omega_d t}}{2}\right\} \\ &= e^{-\varepsilon t}(C\cos\omega_d t + D\sin\omega_d t) \end{aligned} \tag{3.83}$$

この運動は図 3.16(c) に示されるように角振動数が ω_d で，振幅の包絡線が指数関数的 $(= e^{-\varepsilon t})$ に減衰するような減衰振動となる．なお，ω_d は**減衰固有振動数** (damped natural frequency) と呼ばれ，式 (3.82) から明らかなように減衰がない場合の振動数 ω_n より小さな値をとるが，ζ が小さいと，ほとんど $\omega_d = \omega_n$ とみなしてさしつかえない（$\zeta < 0.2$ ならば誤差は 2 ％以下）．

式 (3.83) の一般解において，初期条件を $t = 0$ において $x = x_0, \dot{x} = v_0$ とすれば，

$$x = e^{-\varepsilon t}\left(x_0\cos\omega_d t + \frac{v_0 + \varepsilon x_0}{\omega_d}\sin\omega_d t\right) \tag{3.84}$$

3.3 減衰系の自由振動

となり,先の $\zeta > 1$ の場合の式 (3.76) と類似した形となる.

(2) 減衰比,対数減衰率の推定

解析の便宜上,初期条件を適当にとって系の運動を,

$$x = a_0 e^{-\varepsilon t} \cos \omega_d t \tag{3.85}$$

で表すことにする.速度の式は,

$$\dot{x} = a_0 e^{-\varepsilon t}(-\zeta \omega_n \cos \omega_d t - \omega_d \sin \omega_d t) \tag{3.86}$$

となり,$\dot{x} = 0$ とおいた,

$$\tan \omega_d t = -\zeta/\sqrt{1-\zeta^2} \tag{3.87}$$

すなわち,

$$\cos \omega_d t = \sqrt{1-\zeta^2} \tag{3.88}$$

を満たす時刻 t において振幅は極値(山または谷)をとる.いま,図 3.17 に示すように時刻 t_i において x が極大値 a_i をとるとすると,このときの振幅は,式 (3.85), (3.88) より,

$$a_i = a_0 e^{-\varepsilon t_i}\sqrt{1-\zeta^2} \tag{3.89}$$

で表される.つぎに,時刻 t_{i+2} でつぎの極大値 a_{i+2} をとったとすると,同様に,

$$a_{i+2} = a_0 e^{-\varepsilon t_{i+2}}\sqrt{1-\zeta^2} \tag{3.90}$$

が得られる.

$$t_{i+2} - t_i = 2\pi/\omega_d = T \tag{3.91}$$

を考慮すると,両振幅の比は,

$$\frac{a_i}{a_{i+2}} = \frac{a_0 e^{-\varepsilon t_i}\sqrt{1-\zeta^2}}{a_0 e^{-\varepsilon t_{i+2}}\sqrt{1-\zeta^2}} = e^{\varepsilon(t_{i+2}-t_i)} = e^{\varepsilon T} \tag{3.92}$$

で表される.すなわち,隣り合う振幅の比は一定値をとり,振幅は等比級数的に減衰していくことを示している.よって,

$$\frac{a_1}{a_3} = \frac{a_3}{a_5} = \cdots = \frac{a_i}{a_{i+2}} = e^{\varepsilon T} \tag{3.93}$$

となる.また,式 (3.92) の対数をとると,

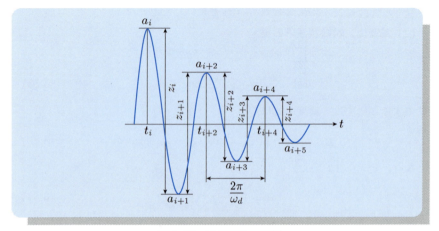

図 3.17　減衰振動の振幅

$$\log_e \left(\frac{a_i}{a_{i+2}} \right) = \varepsilon T = \frac{2\pi \zeta}{\sqrt{1-\zeta^2}} = \delta \tag{3.94}$$

が得られる．この δ のことを**対数減衰率** (logarithmic decrement) と呼ぶ．ζ が小さいときは十分の精度で，

$$\delta = 2\pi \zeta \tag{3.95}$$

のように近似することができる（$\zeta < 0.2$ で 2％以下の誤差）．

このように系の自由振動（減衰振動）が実測されたならば，それらの振幅を順に測定し，以上の関係式を用いて減衰比 ζ の値を推定することができる．

なお，図 3.17 のような**複振幅**（**p-p 振幅**）z_i をとったときも同様にして，

$$\frac{z_1}{z_3} = \frac{z_3}{z_5} = \cdots = \frac{z_i}{z_{i+2}} = e^{\varepsilon T}$$

なる関係があり，複振幅により減衰比を推定することもできる．

3.3.3　クーロン摩擦による減衰系

図 3.18 に示すようなクーロン摩擦をともなうばね質量系について考えてみる．摩擦力 F_c は $\dot{x} > 0$ のとき負方向に，また $\dot{x} < 0$ のとき正方向に作用するので，系の運動方程式は，

$$m\ddot{x} + kx + F_c \,\mathrm{sign}(\dot{x}) = 0 \tag{3.96}$$

3.3 減衰系の自由振動

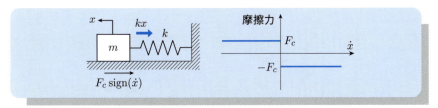

図 3.18 クーロン減衰系

で表される．便宜上，両辺を m で割って，

$$\ddot{x} + \omega_n^2 \{x + b\,\text{sign}(\dot{x})\} = 0 \tag{3.97}$$

で表すことにする．ここで，

$$\omega_n^2 = k/m, \quad b = F_c/k \tag{3.98}$$

である．式 (3.97) は非線形微分方程式となるためこのままの形で一般解を求めることは困難であるが，つぎのように時間的に解を接続していくことによって，系の挙動を知ることができる．

便宜上，初期条件として，$t = 0$ において，$x = a, \dot{x} = 0$ を仮定すると，運動は $\dot{x} < 0$ で始まるから運動方程式は次式で表される．

$$\ddot{x} + \omega_n^2 (x - b) = 0 \tag{3.99}$$

いま，$x - b = y$ とおくと，式 (3.99) は，

$$\ddot{y} + \omega_n^2 y = 0 \tag{3.100}$$

のように書きかえることができ，y の一般解は，

$$y = x - b = A \cos \omega_n t + B \sin \omega_n t \tag{3.101}$$

で求められる．すなわち，

$$x = A \cos \omega_n t + B \sin \omega_n t + b \tag{3.102}$$

となり，初期条件を考慮すると，

$$x = (a - b) \cos \omega_n t + b \tag{3.103}$$

が得られる．この式は，図 3.19 に示されるように，$x = b$ を中心として振幅

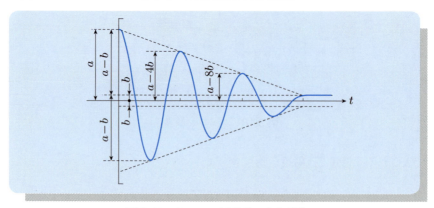

図 3.19　クーロン減衰系の自由振動

が $(a-b)$ の調和振動となる．式 (3.103) を時間で微分すると明らかなように，$t = \pi/\omega_n$ を過ぎると $\dot{x} > 0$ となるため，運動方程式は，

$$\ddot{x} + \omega_n^2(x+b) = 0 \tag{3.104}$$

に切り替わる．この解は

$$x = C\cos\omega_n t + D\sin\omega_n t - b \tag{3.105}$$

となり，初期条件

$$t = \pi/\omega_n \text{のとき}, \quad x = -(a-2b), \quad \dot{x} = 0 \tag{3.106}$$

を考慮して，

$$x = (a-3b)\cos\omega_n t - b \tag{3.107}$$

を得る．すなわち，図 3.19 のように $x = -b$ を中心とした振幅 $(a-3b)$ の調和振動となり，この運動はつぎに $\dot{x} = 0$ となる

$$t = 2\pi/\omega_n \tag{3.108}$$

まで続く．$t = 2\pi/\omega_n$ での変位は $x = a - 4b$ となる．以下，同様な運動を繰り返しながら 1 周期 $2\pi/\omega_n$ の間に $4b$ ずつ振幅が減少していき，図 3.19 に示されるように振幅の包絡線は直線的に減少する傾向をとる．

このように振幅は $\dot{x}$ の符号の切り替わりとともに順次減衰していくが，

3.3 減衰系の自由振動

表 3.3 粘性減衰とクーロン減衰とによる減衰特性の比較

減衰の種類	振幅の変化(隣接振幅に対して)	極値を連ねる曲線	(半)周期 極値→極値	(半)周期 零点→零点	振動の停止する時刻	振動の停止する位置
クーロン摩擦	振幅差一定	直線	$\dfrac{\pi}{\omega_n}$	一定せず	$\dfrac{\pi}{\omega_n}\cdot N$	$(-1)^N \times \left(a_0 - \dfrac{2F_c}{k}N\right)$
粘性減衰	振幅比一定	指数曲線	$\dfrac{\pi}{\omega_n\sqrt{1-\zeta^2}}$	$\dfrac{\pi}{\omega_n\sqrt{1-\zeta^2}}$	∞	0

$$\dot{x} = 0 \; \text{で} \; |x| < b \tag{3.109}$$

なる状態になったとき，ばねの復元力は摩擦力に打ち勝つことができず，運動はその位置で停止する．このため，クーロン摩擦が作用する系では質量は必ずしもばねの平衡位置 $(x=0)$ で停止するとは限らず，図 3.19 に示される $\pm b$ の間のいずれかの位置で，しかも初期条件によって異なる位置に停止する．

このように，クーロン摩擦があると機械系の停止位置は変動し，位置決め精度を低下させる要因となる．このため，高精度が求められる機器では案内要素や摺動部分の固体摩擦をできるだけ小さくなるように工夫しなければならない．表 3.3 は粘性減衰が作用する場合とクーロン摩擦が作用する場合の相違をまとめて示したものである．

つぎに，粘性減衰とクーロン摩擦の両方が作用する場合のばね質量系について考えてみる．運動方程式は，

$$m\ddot{x} + c\dot{x} + kx + F_c \,\mathrm{sign}(\dot{x}) = 0 \tag{3.110}$$

で表される．前と同様に両辺を m で割って，

$$\ddot{x} + 2\varepsilon\dot{x} + \omega_n^2 \{x + b\,\mathrm{sign}(\dot{x})\} = 0 \tag{3.111}$$

とし，さらに

$$x + b\,\mathrm{sign}(\dot{x}) = y \tag{3.112}$$

とおくと，

$$\ddot{y} + 2\varepsilon\dot{y} + \omega_n^2 y = 0 \tag{3.113}$$

が得られる．この式は粘性減衰系の方程式と同じ形であり，したがって，$\zeta < 1$ のときは，式 (3.83) を考慮して

$$x = e^{-\varepsilon t}(A\cos\omega_d t + B\sin\omega_d t) - b\,\text{sign}(\dot{x}) \tag{3.114}$$

が解となる．すなわち，クーロン摩擦の場合と同じく $\dot{x} < 0$ のとき $x = b$, $\dot{x} > 0$ のとき $x = -b$ を中心とし，図 3.20 に示されるように，一定の振幅比で減衰する曲線を順次接続した運動形態をとる．

したがって，隣り合う山と谷の振幅の間には，

$$\frac{a_1 - b}{a_2 + b} = \frac{a_2 - b}{a_3 + b} = \cdots = \frac{a_i - b}{a_{i+1} + b} = e^{\frac{\varepsilon T}{2}} \tag{3.115}$$

なる関係がある．ただし $a_1, a_2, \cdots$ は振幅の絶対値を表す．これを書きかえて

$$\left.\begin{array}{l} a_2 + b = (a_1 - b)e^{-\frac{\varepsilon T}{2}} \\ a_3 + b = (a_2 - b)e^{-\frac{\varepsilon T}{2}} \\ \cdots \\ a_{i+1} + b = (a_i - b)e^{-\frac{\varepsilon T}{2}} \end{array}\right\} \tag{3.116}$$

が得られ，さらに隣りあう 2 つの式を加えて複振幅の関係式に直すと，

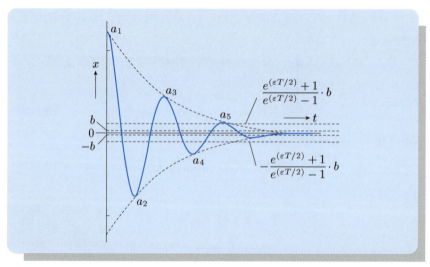

図 3.20 粘性減衰とクーロン減衰をともなう系の自由振動

3.3 減衰系の自由振動

$$\left.\begin{array}{l} z_2 + 2b = (z_1 - 2b)e^{-\frac{\varepsilon T}{2}} \\ z_3 + 2b = (z_2 - 2b)e^{-\frac{\varepsilon T}{2}} \\ \cdots \\ z_{i+1} + 2b = (z_i - 2b)e^{-\frac{\varepsilon T}{2}} \end{array}\right\} \tag{3.117}$$

が得られる．さらに書きかえて，

$$z_{i+1} = e^{-\frac{\varepsilon T}{2}} z_i - 2b(1 + e^{-\frac{\varepsilon T}{2}}) \tag{3.118}$$

の関係を得る．この式は，隣りあう振幅を測定して図3.21のように座標軸z_{i+1}, z_i のグラフ上にプロットすると，各測定結果は傾きが$e^{-\frac{\varepsilon T}{2}}$の直線上に並ぶことを意味している．したがって，実験で得た減衰振幅を順次$z_{i+1} - z_i$座標にプロットしてこのような直線を求め，その傾き，およびz_i軸との交点の座標を求めれば，これから系の粘性減衰項とクーロン摩擦項の大きさを求めることが可能である．

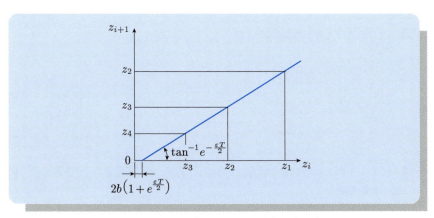

図 3.21 粘性減衰とクーロン減衰の求め方

第3章の問題

1 以下の系の固有振動数を求めよ．

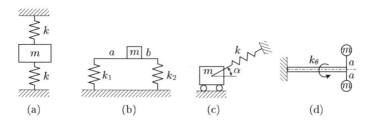

(a)　　　(b)　　　(c)　　　(d)

2 以下の系の固有振動数を求めよ．

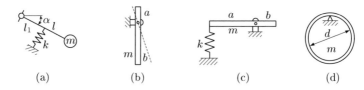

(a)　　　(b)　　　(c)　　　(d)

3 以下の系の固有振動数を求めよ．

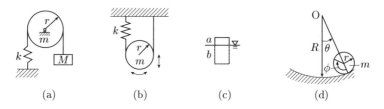

(a)　　　(b)　　　(c)　　　(d)

4 図のような2本のひもで対称につりさげられた均一断面棒のO–O軸まわりの回転振動の周期を求めよ．

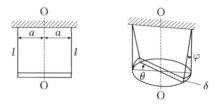

第 3 章の問題　　　　　　　　　　　　　　　　　　　55

☐ **5** 図に示すような 2 つの系がある．それぞれの系の固有振動数を求めよ．ただし振動台の質量は M，ばね定数は k とし，また転動体は半径 r，長さ l，質量 m の円柱状とする．

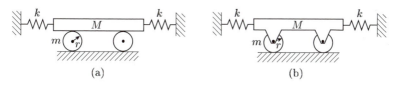

(a)　　　　　　　　　　　　　(b)

☐ **6** 図のように質量 m の台車が速度 v で緩衝装置（ばね）に衝突する．壁面が受ける力 P の時間変化を求めて図示せよ．また，曲線の積分値を求め，その意味を記せ．

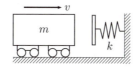

☐ **7** 図に示す 1 自由度減衰振動系について，減衰比，減衰固有振動数を求めよ．ただし，$m = 5.0\,\text{kg}, c = 20\,\text{N}\cdot\text{s/m}, k = 1000\,\text{N/m}$ とする．

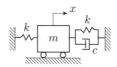

☐ **8** 左図は自動サスペンションの模式図である．これを右図に示すように，O 点まわりに回転運動する 1 自由度系としてモデル化した．この系の減衰比，減衰固有振動数を求めよ．ただし，シャフトの質量は無視し，$m = 10\,\text{kg}, c = 400\,\text{N}\cdot\text{s/m}, k = 50\,\text{kN/m}, l_1 = 500\,\text{mm}, l_2 = 400\,\text{mm}$ とする．

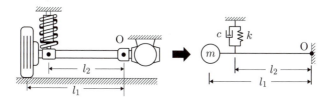

☐ **9** 系の振幅が 20 周期後に 10 mm から 5 mm に減衰した．$m = 1\,\text{kg}, k = 10\,\text{N/mm}$ として，系を粘性減衰系およびクーロン減衰系としたときの減衰係数および摩擦力をそれぞれ求めよ．

第 4 章
1自由度系の強制振動

　各種機械の高速化，高精度化にともない，機械全体，あるいはそれを構成する要素を設計したり使用したりするうえで，系の外部からさまざまな力が作用する場合の挙動を知ることが非常に重要な課題の1つになっている．特に周期的な外力が作用するときの系の共振現象を理解することは，高速化の問題とは切っても切れない関係にあり，また，機械を制御するという観点からは過渡応答に対する理解が非常に重要な事項となっている．
　この章では強制振動の基礎として1自由度系にさまざまな形で外力が作用する場合の系の運動について，動的特性の設計改善，防振，振動計測などの観点から眺めてみる．

4.1 強制振動とは

系に外部から何らかの力が作用して発生する振動を**強制振動** (forced vibration) と呼ぶ.外力としては定常的な力,非定常的な力,その他さまざまな波形の外力が考えられ,それにともなって,異なる系の応答特性を生じる.

このような強制振動の問題を取り扱うにあたり,あらかじめ基本的な外力に対する系の特性を明らかにしておき,この基礎的特性から実際に作用するさまざまな外力に対する応答を推定したり,各種機器の設計や改善を行うことが多い.系の強制振動に対する基礎的特性を表す主要な方法としては,周波数応答による方法と過渡応答による方法とがあげられる.

前者は調和外力の振動数を変化させたときの系の応答特性を求めるものであり,特に系の共振という概念を理解するうえで便利な方法である.また後者は,たとえばパルス状入力やステップ状入力に対する系の応答特性を求めるものであり,機械の位置決めなど制御技術の観点からも重視される方法である.

ここでは前者に重点をおいて,さまざまな振動モデルに対する特性について述べ,過渡応答については,任意外力による強制振動の節(4.8節)で簡単にふれる程度にとどめる.

4.2 不減衰系の強制振動

4.2.1 運動方程式と強制振動の解

図 4.1 に示すように,減衰のないばね質量系に調和外力が作用する場合の強制振動について考える.静たわみを δ_{st} とし,平衡位置からの質量の変位を x とすると,運動方程式は次式となる.

$$m\ddot{x} = mg - k(x + \delta_{st}) + F\cos\omega t \tag{4.1}$$

式 (3.1) を考慮すると,

$$m\ddot{x} + kx = F\cos\omega t \tag{4.2}$$

が得られ,便宜上両辺を m で割って

4.2 不減衰系の強制振動

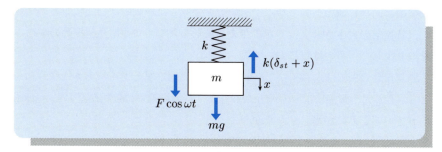

図 4.1 ばね質量系の強制振動

$$\ddot{x} + \omega_n^2 x = (F/m)\cos\omega t \tag{4.3}$$

で表す．ここで ω_n は前章と同じく，固有角振動数を表す．この方程式の解は 1 つの特別解，すなわち強制振動の解に，式 (4.3) の右辺を 0 とおいた同次線形方程式，

$$\ddot{x} + \omega_n^2 x = 0 \tag{4.4}$$

の一般解，すなわち自由振動の項を加えた形で与えられる．

式 (4.3) の強制振動解は，加振される力の振動数と同じ振動数を持つ調和振動になると考えられ，つぎの運動を仮定する．

$$x = A\cos\omega t \tag{4.5}$$

式 (4.5) を (4.3) に代入し，$\omega \neq \omega_n$ として A を求めると，

$$A = \frac{(F/m)}{\omega_n^2 - \omega^2} = \frac{\delta_0}{1 - (\omega/\omega_n)^2} \tag{4.6}$$

が得られる．ここで，δ_0 は

$$\delta_0 = \frac{F}{k} \tag{4.7}$$

であり，外力 F が静的に作用したときのばねのたわみ量を表す．

これらの関係から，式 (4.3) の一般解は次式となる．

$$x = C\cos\omega_n t + D\sin\omega_n t + \frac{\delta_0}{1 - (\omega/\omega_n)^2}\cos\omega t \tag{4.8}$$

第 1, 2 項目の自由振動の係数 C, D は初期条件によって決まる定数であり，減衰がない場合は前章で述べたように振幅一定の調和振動となる．また，強制振

動の項は同様に調和振動となるが，両者を合成した一般解は ω と ω_n との関係や，各振幅の大きさによってさまざまな波形をとる．つぎに強制振動の項のみを取り出して，その性質について調べてみよう．

強制振動の振幅は式 (4.6) によって求められるが，式からも明らかなように ω と ω_n との大小関係によって符号が異なる．符号の違いは位相が互いに π [rad] ずれていることに相当し，したがって，

$$x = |A|\cos(\omega t - \phi) \tag{4.9}$$

と表すことにより，$(\omega/\omega_n) < 1$ のとき $\phi = 0$，$(\omega/\omega_n) > 1$ のとき $\phi = \pi$ になるとして表すことができる．

4.2.2 応答曲線と共振

図 4.2 と図 4.3 は外力の角振動数 ω を変化させたときの振幅と位相の変化を示したものである．これらを**応答曲線** (response curve) と呼ぶ．これらの図から，強制振動の振幅は $(\omega/\omega_n) < \sqrt{2}$ のとき静的たわみ量の δ_0 よりも大きくなり，特に (ω/ω_n) が 1 に近づくにつれて振幅は無限大に近づくことがわかる．なお，$(\omega/\omega_n) = 1$ の状態を**共振** (resonance) と呼び，このときの振動数を**共振振動数** (resonance frequency) という．前にも述べたように共振点より低い

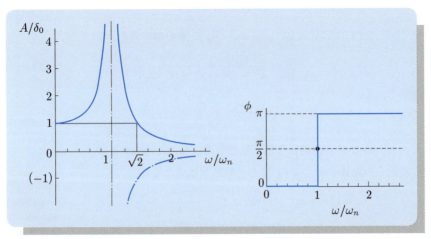

図 4.2　不減衰系の振幅応答曲線　　図 4.3　不減衰系の位相応答曲線

振動数では系は外力と同位相 (in-phase) で運動するが，共振点より高くなると運動は逆位相 (out of phase) になる．

$(\omega/\omega_n) = 1$ のときは，振幅特性として式 (4.6) を適用することができず，運動方程式 (4.3) の強制振動解として，式 (4.5) の代わりにつぎの運動の式を仮定する．

$$x = Bt \sin \omega_n t \tag{4.10}$$

これを式 (4.3) に代入し，係数 B を求めると，

$$B = \frac{(F/m)}{2\omega_n} = \frac{\delta_0}{2}\omega_n \tag{4.11}$$

が得られる．すなわち，強制振動解は，

$$x = \frac{\delta_0}{2}\omega_n t \sin \omega_n t \tag{4.12}$$

となり，図 4.4 に示すように振幅が時間とともに直線的に増大する正弦運動となる．

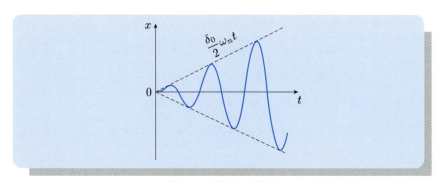

図 4.4　共振時の運動

注意　ここでは，式 (4.10) のように特別解を仮定し，運動方程式に代入してその係数を求める方法によって式 (4.12) を導いたが，一般的な外力に対する過渡応答解からも求められる（4.8.2 項 (1) 参照）．　　　□

4.2.3　ボード線図と動剛性

図 4.5(a) は図 4.2 の座標軸を対数目盛にとって描いたもので，このような図を**ボード線図** (Bode diagram) という．ボード線図では振動数の範囲を広くと

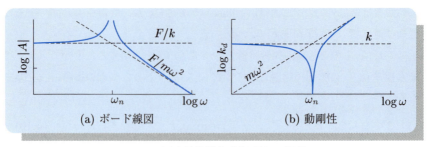

図 4.5 周波数特性と共振現象の解釈

ることができること,また,応答に及ぼす各変数の影響について調べるのに便利であることから,自動制御の分野などでは好んで用いられる.

なお,式 (4.2) において,ばねがなく質量のみの系に外力が作用する場合を考えると,運動方程式は

$$m\ddot{x}_m = F\cos\omega t \tag{4.13}$$

となり,運動は

$$x_m = -F/(m\omega^2)\cos\omega t = -F/k_{dm}\cos\omega t \tag{4.14}$$
$$\text{ここで, } k_{dm} = m\omega^2$$

で表される.また,系がばねのみで構成されるときは,

$$kx_k = F\cos\omega t \tag{4.15}$$

すなわち,

$$x_k = (F/k)\cos\omega t \tag{4.16}$$

となる.これらの関係をボード線図に記入すると図中の破線のようになり,式 (4.3) の系は,$\omega \ll \omega_n$ のとき,ばね的特性を示し,$\omega \gg \omega_n$ のときは質量的特性を示すことがわかる.

一方,ばね質量系の振幅は

$$k_d = |k - m\omega^2| \tag{4.17}$$

とおけば,

$$|x| = F/k_d \qquad (4.18)$$

で表されるが，このような k_d を**動剛性** (dynamic stiffness) という．図 4.5(b) は周波数と動剛性との関係を示したものであり，$\omega = \omega_n$ のとき k_d は 0 になって，振幅は無限大になることを意味する．

4.3 粘性減衰系の強制振動

図 4.6(a) に示すように風などの外力が作用し，防犯カメラが振動するとき，支持部材の剛性と減衰を考慮すると，モデル図は図 4.6(b) となる．その運動方程式は

$$m\ddot{x} + c\dot{x} + kx = F\cos\omega t \qquad (4.19)$$

となる．強制振動解を求めるには，前節と同様にして，

$$x = a\cos\omega t + b\sin\omega t \qquad (4.20)$$

なる解を仮定し，式 (4.19) に代入して係数 a, b を求めることにより，強制振動の応答を知ることができる．しかしながら，ここではいろいろな計算の便宜を考慮して，複素数を用いた導出方法を述べる．

式 (4.19) における強制力の項は，$Fe^{j\omega t}$ の実数部に相当する．したがって，実数部を示す記号 Re[ ] を用いれば，強制力の項は

$$F\cos\omega t = \text{Re}[Fe^{j\omega t}] \qquad (4.21)$$

で表される．

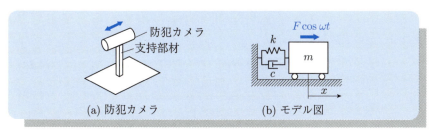

図 4.6 粘性減衰系の強制振動

いま，x を複素数として，運動方程式 (4.19) を

$$m\ddot{\boldsymbol{x}} + c\dot{\boldsymbol{x}} + k\boldsymbol{x} = Fe^{j\omega t} \tag{4.22}$$

のように書き換える．そこで，この式の解 $\boldsymbol{x}$ を求めて，その実数部をとれば，式 (4.19) の解となるはずである．

いま，式 (4.22) の $\boldsymbol{x}$ を

$$\boldsymbol{x} = \boldsymbol{A}e^{j\omega t} \tag{4.23}$$

とし，(4.22) に代入すると，

$$(-m\omega^2 + j\omega c + k)\boldsymbol{A}e^{j\omega t} = Fe^{j\omega t} \tag{4.24}$$

なる関係が得られる．この式が t の値にかかわらず成り立つためには，

$$\boldsymbol{A} = \frac{F}{(-m\omega^2 + j\omega c + k)} = \frac{F/k}{1 - \left(\dfrac{\omega}{\omega_n}\right)^2 + j\left(2\zeta\dfrac{\omega}{\omega_n}\right)} \tag{4.25}$$

となり，さらにこの式を前章で用いた変数 ζ, ω_n および δ_0 を用いて書きかえると，

$$\boldsymbol{A} = \frac{\delta_0}{\sqrt{\left\{1 - \left(\dfrac{\omega}{\omega_n}\right)^2\right\}^2 + \left(2\zeta\dfrac{\omega}{\omega_n}\right)^2}} e^{-j\phi} \tag{4.26}$$

ここで，

$$\tan\phi = \frac{2\zeta\left(\dfrac{\omega}{\omega_n}\right)}{1 - \left(\dfrac{\omega}{\omega_n}\right)^2} \tag{4.27}$$

が得られる．これを式 (4.23) に代入すると，

$$\boldsymbol{x} = |\boldsymbol{A}|e^{j(\omega t - \phi)} \tag{4.28}$$

となり，x の実数部をとって，

$$x = A\cos(\omega t - \phi) \tag{4.29}$$

$$A = \frac{\delta_0}{\sqrt{\left\{1 - \left(\dfrac{\omega}{\omega_n}\right)^2\right\}^2 + \left(2\zeta\dfrac{\omega}{\omega_n}\right)^2}} \tag{4.30}$$

4.3 粘性減衰系の強制振動

が式 (4.19) の強制振動解となる．一般解はさらに自由振動の項を加えて，
$\zeta < 1$ のとき，

$$x = e^{-\varepsilon t}(C \cos \omega_d t + D \sin \omega_d t) + A \cos(\omega t - \phi) \tag{4.31}$$

$\zeta = 1$ のとき，

$$x = e^{-\varepsilon t}(C + Dt) + A \cos(\omega t - \phi) \tag{4.32}$$

$\zeta > 1$ のとき，

$$x = e^{-\varepsilon t}(C \cosh \omega_h t + D \sinh \omega_h t) + A \cos(\omega t - \phi) \tag{4.33}$$

となる．積分定数 C, D は初期条件によって決められるが，この自由振動の項は時間とともに減衰してゆくので，十分長い時間が経過したあとの定常振動を考えるときは，強制振動による項のみを考えればよい．

図 4.7 および図 4.8 はさまざまな減衰比に対する定常振動の応答曲線を示したものである．

なお，振幅については δ_0 で割った無次元量で表している．系に減衰がある場合は $\omega = \omega_n$ であっても応答振幅は有限値となり，その値は，

$$A = \frac{\delta_0}{2\zeta} \tag{4.34}$$

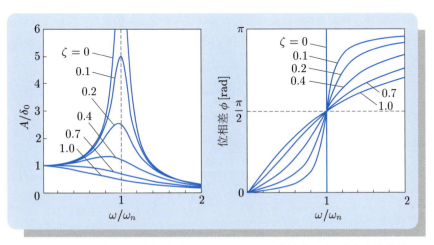

図 4.7 粘性減衰系の振幅応答曲線　　図 4.8 粘性減衰系の位相応答曲線

で与えられる．また応答振幅が最大となる振動数は，式 (4.30) の分母の根号内が極小となる振動数を求めればよく，したがって，

$$\omega/\omega_n = \sqrt{1 - 2\zeta^2} \qquad (4.35)$$

を得る．また，そのときの振幅 $A_{\max}$ は，

$$A_{\max} = \frac{\delta_0}{2\zeta\sqrt{1-\zeta^2}} \qquad (4.36)$$

となる．なお，減衰比が $\zeta > \sqrt{1/2}$ ($\fallingdotseq 0.7$) になると，応答曲線には山が現れず，$\omega = 0$ で極大値をとり，ω の増加とともに単調に減少する傾向をとる．

一方，位相遅れ ϕ は図 4.8 に示されるように減衰がないときは $\omega = \omega_n$ で 0 から π へ急激に変化するが，減衰が大きくなるにつれて 0 から π へ緩やかに変化するようになる．なお，$\omega = \omega_n$ では減衰比の大きさに関係なく $\phi = \pi/2$ を通る．この性質を利用して，さまざまな周波数に対する外力と応答との位相差を実測して ω_n を実験的に求めることができる．

補足 実部および虚部を表す記号をそれぞれ Re[ ]，Im[ ] とすれば，振幅を表す式 (4.26) は，

$$\boldsymbol{A} = \mathrm{Re}[\boldsymbol{A}] + j\mathrm{Im}[\boldsymbol{A}]$$
$$\mathrm{Re}[\boldsymbol{A}] = A\cos\phi, \quad \mathrm{Im}[\boldsymbol{A}] = -A\sin\phi \qquad (4.37)$$

のように書き換えられる．この実部および虚部の値と振動数との関係を描いたものが図 4.9 と図 4.10 である．図からも明らかなように，$\boldsymbol{A}$ の実部は $\omega = \omega_n$ のとき減衰量に関係なくゼロとなる．また，このときの虚部の値は

$$\mathrm{Im}[\boldsymbol{A}] = -\delta_0/(2\zeta) \qquad (4.38)$$

となり，δ_0 がわかっていればこの関係から減衰比 ζ を知ることができる．なお虚部の極小値 $\mathrm{Im}[\boldsymbol{A}]_{\min}$ は ζ の増加とともに ω/ω_n の小さいほうに移行し

$$\mathrm{Im}[\boldsymbol{A}]_{\min} = \frac{-\delta_0}{2\zeta}\frac{1}{\sqrt{1-\frac{2}{3}\zeta^2}} \qquad (4.39)$$

で与えられる．

一般に外力が調和振動でない場合は系の応答波形は外力とは異なった波形と

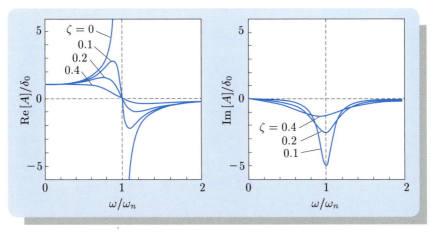

図4.9 粘性減衰系の応答曲線（実部）　**図4.10** 粘性減衰系の応答曲線（虚部）

なり，これを厳密に求めることは大変面倒になるが，もし外力の変動が周期的であるならば2.4節で扱ったように波形はフーリエ級数に展開することができ，調和振動の和として表される．振動系が線形であれば重ね合わせの原理を適用することができ，任意の周期外力に対する応答を推定することができる．

すなわち，周期外力を級数展開し，その周波数成分ごとに応答を求めて，それらの和を求めてやれば，それが求める応答となる．

4.4　一般減衰系の強制振動

4.4.1　振動エネルギと等価粘性減衰係数

一般の減衰系では運動方程式は非線形となり，簡単に応答を求めることが困難である．そこで，1周期間に減衰によって消費されるエネルギを求め，これと等しい消費エネルギを持つ粘性減衰に置きかえて，系の特性を近似的に推定する方法が用いられる．すなわち，エネルギ的に等価な粘性減衰係数 c_e を求め，これを粘性減衰系の式に代入して振動数に対する振幅の特性を求めることが行われる．

まず，粘性減衰系のエネルギ消費について考えてみる．いま，系に外力 $P =$

$F\cos\omega t$ が作用し，そのときの応答が $x = A\cos(\omega t - \phi)$ であったとする．このときの外力による1周期間の入力エネルギ E_p は

$$E_p = \int P dx = \int_0^{2\pi/\omega} P\dot{x} dt = -FA\omega \int_0^{2\pi/\omega} \cos\omega t \sin(\omega t - \phi) dt$$

$$= -FA\omega \int_0^{2\pi/\omega} \frac{1}{2}\{\sin(2\omega t - \phi) - \sin\phi\} dt = \pi FA\sin\phi \quad (4.40)$$

で求められる．すなわち，入力エネルギは $\phi = 0$ のときゼロとなり，$\phi = \pi/2$ で最大となる．

一方，ダンパ（減衰器）による1周期中の消費エネルギ E_c は，

$$E_c = \int c\dot{x} dx = \int_0^{2\pi/\omega} c\dot{x}^2 dt = cA^2\omega^2 \int_0^{2\pi/\omega} \sin^2(\omega t - \phi) dt = \pi c\omega A^2 \quad (4.41)$$

となる．定常応答では入力エネルギと消費エネルギとが等しくなるはずであり，式 (4.40) と (4.41) とは等しくなり，

$$\pi FA\sin\phi = \pi c\omega A^2$$

したがって，このときの振幅は，

$$A = \frac{F}{c\omega}\sin\phi \quad (4.42)$$

で求められる．もし，$\omega = \omega_n$ ならば $\phi = \pi/2$ であり，$A = (F/c\omega_n) = (\delta_0/2\zeta)$ となって式 (4.34) と一致する．

4.4.2 クーロン摩擦系の強制振動

系にクーロン摩擦が作用する場合の強制振動の式は

$$m\ddot{x} + kx + F_c\,\text{sign}(\dot{x}) = F\cos\omega t \quad (4.43)$$

で表されるが，もちろん非線形方程式となるため，このままの形で解析的に厳密な解を求めることはできない．一般にクーロン摩擦がある場合の運動は，

(1) 外力が正弦的であっても運動は正弦的にならない．
(2) 外力の振動数が低くなると1周期の間に停止を含むような運動が現れる．
(3) 振動数特性は外力の振幅によって異なる．

4.4 一般減衰系の強制振動

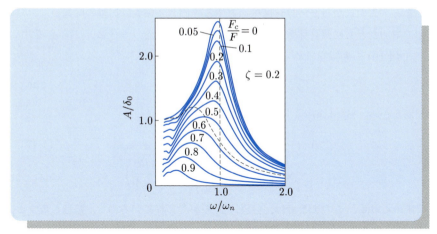

図 4.11 クーロン減衰と粘性減衰とがある場合の振幅応答曲線

などの問題点があり，取り扱いは一層やっかいになってくる．

図 4.11 は計算機によるシミュレーションによって運動波形を求め，振幅の最大値をとって描いた応答曲線の例を示したものである．$\zeta = 0.2$ として，摩擦力と強制力との比をパラメータにとって示しているが，図中の破線より下の部分で停止運動が現れ，特に振動数比の小さい領域で停止の影響が大きくなって応答曲線にかなりの乱れがみられるようになる．

つぎに近似的な取り扱いとして，等価減衰係数を用いた方法について考えてみる．いま，系が振幅 A で運動しているとすると，クーロン摩擦力 F_c によって 1 周期中に消費されるエネルギ E_c は，

$$E_c = 4F_c A \tag{4.44}$$

で求められる．一方，粘性減衰による 1 周期中の消費エネルギは式 (4.41) によって与えられ，等価減衰係数を c_e とおいて，式 (4.41) と (4.44) とを等置すると，

$$4F_c A = \pi c_e \omega A^2$$

を得る．すなわち，c_e は

$$c_e = \frac{4F_c}{\pi \omega A} \tag{4.45}$$

となる．この式からクーロン摩擦に対する等価減衰係数は振幅の関数となり，振幅の増加とともに減衰係数は小さくなることがわかる．つぎに，この c_e を用いて式 (4.19) の振幅を求める．

$$2\varepsilon = \frac{4F_c}{\pi m \omega A}, \quad \zeta = \frac{2F_c}{\pi m \omega \omega_n A} \tag{4.46}$$

であるから，式 (4.30) より，振幅は，

$$A = \frac{\delta_0}{\sqrt{\left\{1 - \left(\frac{\omega}{\omega_n}\right)^2\right\}^2 + \left(\frac{4F_c}{\pi k A}\right)^2}} \tag{4.47}$$

で求められる．このままでは，右辺にも A が含まれているので，整理し直すと，

$$A = \frac{\sqrt{1 - \left(\frac{4F_c}{\pi F}\right)^2}}{\left|1 - \left(\frac{\omega}{\omega_n}\right)^2\right|} \delta_0 \tag{4.48}$$

を得る．なお，

$$\frac{F}{F_c} < \frac{4}{\pi} \tag{4.49}$$

になると式 (4.48) の右辺は虚数になり，意味を持たなくなるが，このような条件では駆動力やばねの復元力に比べて摩擦力が大きいため，系は動けない状態になると考えられる．

また，式 (4.48) において，$\omega = \omega_n$ とおくと振幅は無限大になるが，このことは，クーロン摩擦だけでは共振時に振幅が無限に増大することを防止できないことを意味している．

したがって，クーロン摩擦は自由振動の減衰には有効であるが，強制振動では使用には十分注意を要する．

4.4.3 速度2乗型減衰系の強制振動

速度の2乗に比例する減衰力が作用する系について考えてみる．減衰力の式は，

$$R = c\dot{x}^2 \operatorname{sign}(\dot{x}) \tag{4.50}$$

4.4 一般減衰系の強制振動

で表される.このときの応答はクーロン摩擦の場合と同じく厳密には正弦的とはならないが,近似的に

$$x = A\cos\omega t$$

とおくことにする.この場合,減衰による消費エネルギ E_c は

$$E_c = 2\int_{-A}^{A} c\dot{x}^2 dx = 2\int_{\pi/\omega}^{0} c\dot{x}^3 dt = 2cA^3\omega^3 \int_{0}^{\pi/\omega} \sin^3\omega t\, dt$$
$$= \frac{8}{3}c\omega^2 A^3 \tag{4.51}$$

で求められる.したがって,等価減衰係数 c_e は,式 (4.41) と (4.51) とを等置して

$$\pi c_e \omega A^2 = \frac{8}{3}c\omega^2 A^3$$

となり,

$$c_e = \frac{8}{3\pi}c\omega A \tag{4.52}$$

によって求められる.振幅は前と同様に,この式を粘性減衰系の振幅を表す式 (4.30) に適用して求めることができる.

4.4.4 内部摩擦系および構造減衰系の強制振動

内部摩擦系あるいは構造減衰系において,損失係数を γ で表すと減衰項は

$$R = jk\gamma x \tag{4.53}$$

で表される.いま,

$$x = Ae^{j(\omega t - \phi)} \tag{4.54}$$

とおくと,$\dot{x} = j\omega x$ より

$$R = \frac{k\gamma}{\omega}\dot{x} \tag{4.55}$$

となり,したがって,等価減衰係数および減衰比は,

$$c_e = \frac{k\gamma}{\omega}, \quad \zeta_e = \frac{\gamma\omega_n}{2\omega} \tag{4.56}$$

となる.また,1周期間の消費エネルギは式 (4.41) より

$$E_c = \pi c_e \omega A^2 = \pi k\gamma A^2 \tag{4.57}$$

となり，通常の粘性減衰とは異なって，消費エネルギは振動数に依存しないことがわかる．

さらに，式 (4.56) を式 (4.30), (4.27) に代入することにより振幅および位相は，

$$A = \frac{\delta_0}{\sqrt{\left\{1-\left(\dfrac{\omega}{\omega_n}\right)^2\right\}^2 + \gamma^2}} \qquad (4.58)$$

$$\tan\phi = \frac{\gamma}{1-\left(\dfrac{\omega}{\omega_n}\right)^2} \qquad (4.59)$$

で求められる．この式から $\omega = \omega_n$ のとき振幅は最大値をとり，その値は $A_{\max} = \delta_0/\gamma$ となることがわかる．なお，この特性を利用して実験的に損失係数 γ を求めることができる．

4.4.5　ヒステリシスと消費エネルギ

周期的な外力 f に対する系の応答を x とする．f と x との間に位相差があると，図 4.12 に示すように f–x 平面上に描いた運動の軌跡はループを描く．これをヒステリシスループ (hysteresis loop) と呼ぶ．

いま，図 4.12(a) の左上の部分に示されるような，ばね–ダンパ系を考えてみよう．わかりやすくするために，力の作用点（可動部）が，

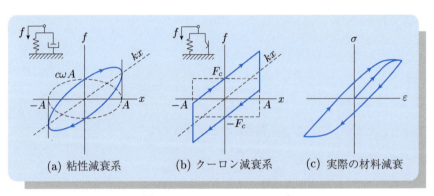

図 4.12　ヒステリシスループ

4.4 一般減衰系の強制振動

$$x = A\cos\omega t \tag{4.60}$$

で運動しているとしよう．このとき，ばね-ダンパに作用している力 f は，

$$f = kx + c\dot{x} \tag{4.61}$$

で表される．いま，便宜上，

$$f_k = kx \tag{4.62}$$

$$f_c = c\dot{x} = -c\omega A \sin\omega t \tag{4.63}$$

とおく．式 (4.63), (4.60) より t を消去し，f_c と x との関係を求めると，

$$(f_c/c\omega A)^2 + (x/A)^2 = 1 \tag{4.64}$$

が得られ，f-x 平面上では楕円となる．図 4.12(a) 中の破線で描いた楕円はこの関係を表したものであり，同じく直線は式 (4.62) の関係を示したものである．したがって，両者の和をとった式 (4.61) の関係は図中の実線による楕円で表される．この楕円の面積を求めると

$$S = \pi c\omega A^2 = E_c \tag{4.65}$$

となり，この値は 1 周期間に消費するエネルギ式 (4.41) に等しくなる．

同じくクーロン摩擦系について描いたものが図 4.12(b) であり，ヒステリシスループの面積は，

$$S = 4F_c A = E_c \tag{4.66}$$

となって式 (4.44) と等しくなる．

このように，ヒステリシスの面積は 1 周期に消費されるエネルギに等しく，したがって，さまざまな系が与えられた場合，f-x 平面にヒステリシスループを描かせることによって実験的に 1 周期間の消費エネルギを求めることができる．図 4.12(c) は実際の材料の内部減衰について描いたものであり，この面積より減衰量を推定することができる．しかしながら，一般にはこれらの特性は振動数の影響を受け，また，ゴムや高分子材料などでは温度の影響も大きく受けるので注意を要する．

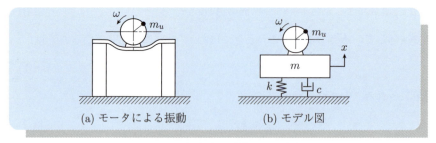

図 4.13 不釣り合い外力による加振

4.5 不釣り合い外力による強制振動

さまざまな回転機械において，その回転部分に偏心質量があると，遠心力によって振動が発生する．いま，図 4.13(a) に示すように，厚さの薄い板の上に設置した偏心質量を有するモータの動きを考えると，そのモデル図は図 4.13(b) となる．ここで，不釣り合い質量 m_u が半径 e だけ偏心して角速度 ω で回転しているとする．系の全質量 m は上下方向にのみに運動できるように拘束され，ばねとダンパによって支持されているとすると，系の運動方程式は，

$$(m - m_u)\frac{d^2 x}{dt^2} + m_u \frac{d^2}{dt^2}(x + e\sin\omega t) = -kx - c\frac{dx}{dt} \qquad (4.67)$$

で表される．これを書きかえると，

$$m\ddot{x} + c\dot{x} + kx = m_u e \omega^2 \sin\omega t \qquad (4.68)$$

となり，外力振幅が $m_u e \omega^2$ の調和外力による強制振動となる．したがって，4.2 節における F の代わりに $m_u e \omega^2$ とおいて，応答はつぎのように求められる．

$$x = A\sin(\omega t - \phi) \qquad (4.69)$$

ここで，

$$A = \frac{\left(\dfrac{m_u e}{m}\right)\left(\dfrac{\omega}{\omega_n}\right)^2}{\sqrt{\left\{1 - \left(\dfrac{\omega}{\omega_n}\right)^2\right\}^2 + \left(2\zeta\dfrac{\omega}{\omega_n}\right)^2}} \qquad (4.70)$$

4.5 不釣り合い外力による強制振動

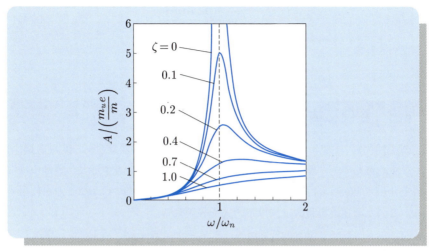

図 4.14 不釣り合い外力による粘性減衰系の振幅応答曲線

$$\tan\phi = \frac{2\zeta\left(\dfrac{\omega}{\omega_n}\right)}{1-\left(\dfrac{\omega}{\omega_n}\right)^2} \tag{4.71}$$

である．さらに，式 (4.70) を無次元化して次式を得る．

$$\frac{A}{\left(\dfrac{m_u e}{m}\right)} = \frac{\left(\dfrac{\omega}{\omega_n}\right)^2}{\sqrt{\left\{1-\left(\dfrac{\omega}{\omega_n}\right)^2\right\}^2 + \left(2\zeta\dfrac{\omega}{\omega_n}\right)^2}} \tag{4.72}$$

式 (4.72) をさまざまな減衰比のもとに計算したのが図 4.14 である．図 4.7 に示す外力の振幅が一定の場合と異なり，$\omega/\omega_n = 0$ のとき，無次元振幅 $A/(m_u e/m)$ は 0 となり，ω/ω_n が大きくなると $A/(m_u e/m)$ は 1 に収束していく．

また，共振における最大振幅 A_max は，

$$\frac{\omega}{\omega_n} = \frac{1}{\sqrt{1-2\zeta^2}} \tag{4.73}$$

なる振動数比のとき，

$$A_{\max} = \frac{(m_u e/m)}{2\zeta\sqrt{1-\zeta^2}} \tag{4.74}$$

で求められる.

4.6 変位による強制振動

図 4.15(a) に示すように車が悪路を走行するとき，そのモデル図は図 4.15(b) となる．悪路の基準線からの起伏を u，質量の変位を x とすると，質量にはばねを介して $k(x-u)$ なる力が，またダンパを介して $c(\dot{x}-\dot{u})$ なる力が作用する．このため運動方程式は，以下の式で表される．

$$m\ddot{x} + c(\dot{x}-\dot{u}) + k(x-u) = 0 \tag{4.75}$$

便宜上，質量と基礎との間の相対変位に着目し，これを y とすると，

$$y = x - u \tag{4.76}$$

なる関係があり，y を用いて式 (4.75) を書きかえると，

$$m\ddot{y} + c\dot{y} + ky = -m\ddot{u} \tag{4.77}$$

が得られる．いま基礎が $u = a\cos\omega t$ で振動しているとすると，運動方程式は，

$$m\ddot{y} + c\dot{y} + ky = ma\omega^2 \cos\omega t \tag{4.78}$$

で表される．すなわち，式 (4.19) において強制力 F の代わりに $ma\omega^2$ とおいたものと一致し，特別解は式 (4.29), (4.30) より，次式で表される．

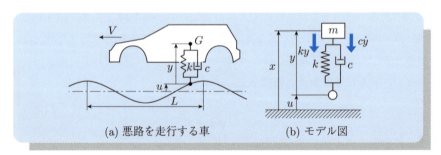

図 4.15 変位による加振

4.7 振動伝達と防振

$$y = B\cos(\omega t - \phi) \tag{4.79}$$

ここで,

$$B = \frac{a\left(\dfrac{\omega}{\omega_n}\right)^2}{\sqrt{\left\{1-\left(\dfrac{\omega}{\omega_n}\right)^2\right\}^2 + \left(2\zeta\dfrac{\omega}{\omega_n}\right)^2}} \tag{4.80}$$

$$\tan\phi = \frac{2\zeta\left(\dfrac{\omega}{\omega_n}\right)}{1-\left(\dfrac{\omega}{\omega_n}\right)^2} \tag{4.81}$$

式 (4.80) は,無次元化して

$$\frac{B}{a} = \frac{\left(\dfrac{\omega}{\omega_n}\right)^2}{\sqrt{\left\{1-\left(\dfrac{\omega}{\omega_n}\right)^2\right\}^2 + \left(2\zeta\dfrac{\omega}{\omega_n}\right)^2}} \tag{4.82}$$

のように書きかえられるが,この式の右辺は式 (4.72) と一致し,したがって,周波数応答特性は図 4.14 の縦軸を B/a と置きかえたもので表される.なお,図 4.15(a) において,悪路の波長を L,車の速さを V とすると,$\omega = 2\pi V/L$ となる.

4.7 振動伝達と防振

機械振動が発生すると,共振時の振幅増大にともなう材料や要素の破損,繰り返し運動による疲労破壊,機器の精度低下,品質低下,システムの制御不能,さらに作業環境の悪化,公害の発生などのいろいろなトラブルを引き起こす.すなわち,振動の防止対策は,機械設計において,非常に重要な位置を占めている.防振の方策としては,

(1) 振動源をなくす
(2) 動吸振器などにより振動を低減する
(3) 振動の伝達経路を遮断する
(4) 振動を逆位相の振動によって相殺させる

など，さまざまな原理に基づくものが考えられるが，本節では (3) の方法について扱う．

4.7.1 力の伝達率

図 4.16(a) に示すように，プレス機械を基礎に直接に取り付けると，振動がそのまま基礎に伝わり，他の機械に悪影響を及ぼしたり，また公害問題を引き起こす．このようなときは，ばねやダンパなどの防振要素を介して機械を取り付けることがよく行われる．しかしながら，振動工学的な考察を行って防振対策を施さないと逆効果になることも十分考えられる．そこで，ばねやダンパを通して振動が基礎部分へどのように伝達されるかについて調べてみる．

いま，質量 m の機械に $F\cos\omega t$ なる調和外力が作用しているとする．もし，機械が直接，基礎に取り付けられているとすれば，$F\cos\omega t$ なる力がそのまま基礎に伝達される．

そこで，伝達力を低減するために図 4.16(b) に示されるように，ばね定数 k，減衰比 c の防振要素を付加したとする．

この場合，ばねとダンパを通して基礎に伝達される伝達力 F_T は，

$$F_T = kx + c\dot{x} \tag{4.83}$$

で表される．x は 4.3 節で求めた変位の式 (4.29) によって与えられ，これを代入すると，

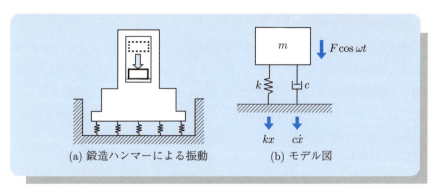

図 4.16　系の振動による基礎への伝達力

4.7 振動伝達と防振

$$F_T = A\{k\cos(\omega t - \phi) - c\omega \sin(\omega t - \phi)\}$$
$$= A\sqrt{k^2 + c^2\omega^2}\cos(\omega t - \phi + \theta) \tag{4.84}$$

ここで，

$$\tan\theta = c\omega/k \tag{4.85}$$

が得られる．したがって，伝達力の振幅 $|F_T|$ と F との間にはつぎの関係が導かれる．

$$T_R = \frac{|F_T|}{F} = \frac{\sqrt{1 + \left(2\zeta\dfrac{\omega}{\omega_n}\right)^2}}{\sqrt{\left\{1 - \left(\dfrac{\omega}{\omega_n}\right)^2\right\}^2 + \left(2\zeta\dfrac{\omega}{\omega_n}\right)^2}} \tag{4.86}$$

T_R は**力の伝達率** (transmissibility) と呼ばれる．図 4.17 は振動数に対する伝達率の値をさまぎまな減衰比のもとに描いたものである．$\omega/\omega_n = \sqrt{2}$ のとき，減衰比に関係なく T_R は 1 を通り，ω/ω_n が $\sqrt{2}$ より小さいとき $T_R > 1$，逆に ω/ω_n が $\sqrt{2}$ よりも大きいときは $T_R < 1$ となる．当然のことながら防振のた

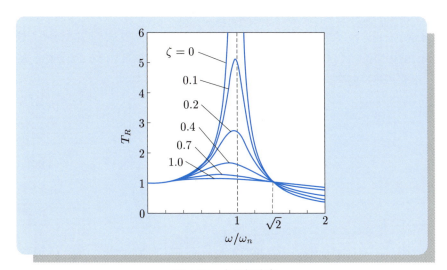

図 4.17 力の伝達率

めには伝達率を1よりも小さくする必要があり，$\omega_n < (\omega/\sqrt{2})$ になるようにばねを選ばなければならない．また，減衰比はできるだけ小さくする方が伝達率は小さくなる．

なお，図からも明らかなように，$\omega/\omega_n = 1$ の近傍では共振現象を起こして，むしろ力は拡大されるので減衰比が小さいときは注意を要する．

4.7.2 変位の伝達率

たとえば，精密測定器などでは床からの振動を絶縁する必要があり，ばねやダンパで構成される防振テーブル上に機器を設置することが多い．この場合は図 4.15(b) に示すような変位による強制振動のモデルとして表すことができ，質量の運動 x の振幅をできるだけ小さくするように諸定数を選ぶ必要がある．

いま，床の運動を $u = a\cos\omega t$ とすると運動方程式は，

$$m\ddot{x} + c\dot{x} + kx = c\dot{u} + ku$$
$$= -ca\omega\sin\omega t + ka\cos\omega t$$
$$= a\sqrt{k^2 + c^2\omega^2}\cos(\omega t + \theta) \tag{4.87}$$

$$\tan\theta = c\omega/k \tag{4.88}$$

で表される．これより強制力の振幅を $F = a\sqrt{k^2 + c^2\omega^2}$ とおいて式 (4.29)，(4.30) を用いれば容易に x を求めることができる．もちろん，前節で求めた式 (4.79) の関係を式 (4.76) に代入することによっても同じ結果を得ることができる．

質量の絶対変位 x はつぎのように表される．

$$x = A\cos(\omega t + \theta - \psi) \tag{4.89}$$

$$A = \frac{\sqrt{1 + \left(2\zeta\dfrac{\omega}{\omega_n}\right)^2}}{\sqrt{\left\{1 - \left(\dfrac{\omega}{\omega_n}\right)^2\right\}^2 + \left(2\zeta\dfrac{\omega}{\omega_n}\right)^2}}a \tag{4.90}$$

$$\tan\psi = \frac{2\zeta\left(\dfrac{\omega}{\omega_n}\right)}{1 - \left(\dfrac{\omega}{\omega_n}\right)^2} \tag{4.91}$$

これから，伝達率 T_R は，

$$T_R = \frac{A}{a} = \frac{\sqrt{1 + \left(2\zeta\frac{\omega}{\omega_n}\right)^2}}{\sqrt{\left\{1 - \left(\frac{\omega}{\omega_n}\right)^2\right\}^2 + \left(2\zeta\frac{\omega}{\omega_n}\right)^2}} \tag{4.92}$$

で表される．この式は力の伝達率の式 (4.86) と同一であるため，応答特性は図 4.17 で示される．前と同様に基礎（床）から伝わってくる振動を低減するには $T_R < 1$，すなわち，$\omega_n < (\omega/\sqrt{2})$ になるようにばね定数を選ばなければならない．また，加振振動数が変化する場合を考えると，共振点付近でも大きい伝達率にならないように，ある程度大きな減衰比を与えておく必要がある．

4.8 任意外力加振と過渡応答

これまでは周期的な外力が作用する場合の強制振動について取り扱ってきたが，本節では衝撃力やステップ状の力など周期的でない外力が作用するときの応答について扱う．非周期的な外力に対する応答は，一般に**過渡応答** (transient response) といわれる．

4.8.1 インパルス応答

図 4.18 のように時間的な変化が急峻でしかも持続時間が十分に短い波形をインパルス (impulse) といい，インパルスの面積が 1 であるものを**単位インパルス**という．衝撃的な力が作用する場合の過渡振動の解析に当たっては，単位インパルスを図 4.19 に示すような，

$$\left. \begin{array}{l} f(t) = \dfrac{1}{\Delta t}, \quad 0 < t < \Delta t \\ f(t) = 0, \quad t < 0, \ t > \Delta t \end{array} \right\} \tag{4.93}$$

で表される矩形波にモデル化し，さらに，$\Delta t \to 0$ とした理想上の波形が用いられる．このようにパルス幅がきわめて小さく面積が 1 である関数を**単位インパルス関数** (unit impulse function) あるいは**ディラックのデルタ関数** (Dirac's δ function) といい，記号 $\delta(t)$ で表す．

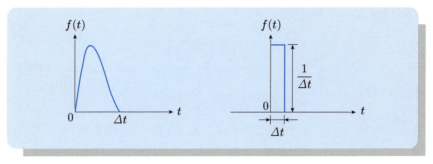

図 4.18 インパルス　　　図 4.19 デルタ関数

いま，静止しているばね質量に単位インパルスに相当する力 $\delta(t)$ が作用したとすると，運動方程式は，

$$m\ddot{x} + kx = \delta(t) \tag{4.94}$$

で表される．力が作用したあとの質量の速度を v_0 とすると，力積の関係より，

$$m(v_0 - 0) = \int \delta(t) dt = 1 \tag{4.95}$$

すなわち，

$$v_0 = 1/m \tag{4.96}$$

を得る．ここで力の作用時間は微小であるから，質量 m は初速度 v_0 で運動するとみなすことができ，単位インパルスによる応答を $h(t)$ で表すと，$h(t)$ は式 (3.12) より，

$$x(t) = h(t) = \frac{v_0}{\omega_n} \sin \omega_n t = \frac{1}{m\omega_n} \sin \omega_n t \tag{4.97}$$

で与えられる．もし，系に粘性減衰がある場合は式 (3.84) より，

$$h(t) = \frac{1}{m\omega_d} e^{-\varepsilon t} \sin \omega_d t \tag{4.98}$$

となる．

また，力積が I のインパルスが作用するときの応答は，単位インパルス応答に I を乗じた，

$$x(t) = I h(t) \tag{4.99}$$

4.8 任意外力加振と過渡応答

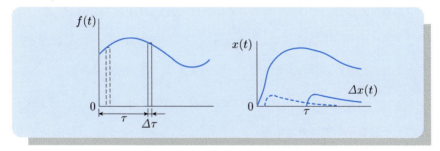

図 4.20 任意外力に対する応答

で求められる．

4.8.2 任意外力に対する応答

任意波形の外力に対する応答について考えてみる．まず，図 4.20 のように外力波形を微小な時間幅 $\Delta\tau$ で分割し，矩形波（インパルス）を並べた階段状の波形に置きかえる．系が線形であれば，分割した個々のインパルスに対する応答を求め，それらの総和を求めてやれば，任意の波形入力 $f(t)$ に対する応答が得られるはずである．

いま，図に示されるように時刻 τ において，力積が $f(\tau)\Delta\tau$ のインパルスが作用したときを考える．このインパルスに対する応答を $\Delta x(t)$ とすると，$\Delta x(t)$ は応答の立ち上がり時刻が τ であることを考慮し，式 (4.99) において時間軸を $(t-\tau)$ とおいた，

$$\Delta x(t) = h(t-\tau)f(\tau)\Delta\tau \qquad (4.100)$$

で表される．したがって，すべてのインパルスについての応答を重ね合わせて，任意の波形に対する応答は，

$$x(t) = \int_0^t h(t-\tau)f(\tau)d\tau \qquad (4.101)$$

で求められる．この積分のことを**たたみこみ積分** (convolution integral)，または**デュアメルの積分** (Duhamel's integral) という．

このように線形系では，インパルス応答 $h(t)$ がわかっていれば，式 (4.101) より任意波形の外力に対する応答を求めることができる．たとえば，減衰のな

いばね質量系に外力が作用するときの応答は，式 (4.97) を (4.101) に代入し，

$$x(t) = \frac{1}{m\omega_n} \int_0^t \sin\omega_n(t-\tau) f(\tau) d\tau \tag{4.102}$$

で表される．また減衰のある系で $\zeta < 1$ のときは，式 (4.98) より，

$$x(t) = \frac{1}{m\omega_d} \int_0^t e^{-\varepsilon(t-\tau)} \sin\omega_d(t-\tau) f(\tau) d\tau \tag{4.103}$$

(1) 不減衰系の調和外力応答

任意外力に対する応答の式を用いて，不減衰系に調和外力が作用するときの応答を求めてみる．

式 (4.102) において $f(t) = P\cos\omega t,\ \omega \neq \omega_n$ とすると

$$\begin{aligned}
x(t) &= \frac{P}{m\omega_n} \int_0^t \sin\omega_n(t-\tau)\cos\omega\tau d\tau \\
&= \frac{P}{2m\omega_n} \int_0^t \{\sin(\omega_n t - \omega_n\tau + \omega\tau) + \sin(\omega_n t - \omega_n\tau - \omega\tau)\} d\tau \\
&= \frac{P/k}{1-\left(\dfrac{\omega}{\omega_n}\right)^2} (\cos\omega t - \cos\omega_n t) \tag{4.104}
\end{aligned}$$

が得られる．これは式 (4.8) において，初期条件が $x=0,\ \dot{x}=0$ であるときの解に一致する．また，$\omega = \omega_n$ のときは，

$$\begin{aligned}
x(t) &= \frac{P}{2m\omega_n} \int_0^t \{\sin\omega_n t + \sin(\omega_n t - 2\omega_n\tau)\} d\tau \\
&= \frac{P}{2m\omega_n} \left[\tau\sin\omega_n t + \frac{1}{2\omega_n}\cos(\omega_n t - 2\omega_n\tau)\right]_0^t \\
&= \frac{\delta_0}{2}\omega_n t \sin\omega_n t \tag{4.105}
\end{aligned}$$

となり，式 (4.12) と一致した結果が得られる．

(2) 粘性減衰系のステップ応答

図 4.21(a) に示すように $t=0$ において一定の力 F が急に作用する場合を考えてみる．この場合，入力波形は階段状を呈するため，このときの振動系の応答は**ステップ応答**と呼ばれ，インパルス応答とともに系の応答特性を表す基本的な方法としてよく用いられる．応答は式 (4.103) に $f(\tau) = F$ を代入することにより，

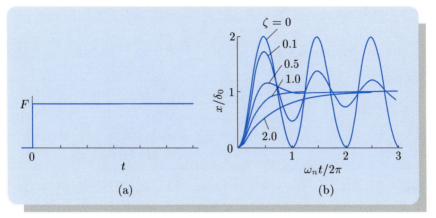

図 4.21 粘性減衰系のステップ応答

$$x(t) = \frac{1}{m\omega_d} \int_0^t e^{-\varepsilon(t-\tau)} \sin\omega_d(t-\tau) \cdot F d\tau$$
$$= \left\{1 - \frac{e^{-\varepsilon t}}{\sqrt{1-\zeta^2}} \cos(\omega_d t - \phi)\right\} \delta_0 \qquad (4.106)$$

ここで,

$$\tan\phi = \frac{\zeta}{\sqrt{1-\zeta^2}}, \quad \delta_0 = \frac{F}{k} \qquad (4.107)$$

となる.式 (4.106) にさまざまな減衰比を入れて応答波形を求めたものが図 4.21(b) である.減衰比が小さいときは減衰振動をしながら δ_0 に漸近するが,減衰比が 1 より大きくなると振動することなく,δ_0 に漸近していくことがわかる.なお,$F = 1$ のときの応答は**単位ステップ応答**,またはインデシャル応答と呼ばれる.

以上は強制力に対する応答(すなわち特別解)についての取り扱いだが,4.1 節や 4.2 節で述べたように初期条件を考慮する場合は,自由振動の項を別に求めて加え合わせてやれば,それが一般解となる.

例題 1

粘性減衰系に図 4.22 に示すような方形波外力が作用したときの応答を求めよ．

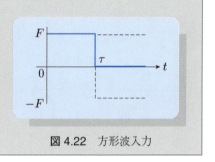

図 4.22　方形波入力

解答　方形波は，$t=0$ で立ち上がるステップ入力と τ だけ位相の遅れた負のステップ入力の和として表される．前者の応答を $x_{sp}(t)$ とすると，後者の応答は $-x_{sp}(t-\tau)$ となる．したがって，系が線形である場合の応答は，$t > \tau$ のとき，

$$x(t) = x_{sp}(t) - x_{sp}(t-\tau)$$

で求められる．系が粘性減衰系のときは式 (4.106) より，

$$x(t) = \frac{\delta_0}{\sqrt{1-\zeta^2}} e^{-\varepsilon t} \left[e^{\varepsilon \tau} \cos\{\omega_d(t-\tau) - \phi\} - \cos(\omega_d t - \phi) \right]$$

となる．　■

4.9　ラプラス変換による振動解析

　一般に，運動方程式を時間領域のままで直接に解くのはかなり面倒なことが多い．ここでは微分方程式の演算子解法として比較的簡便で広く用いられている**ラプラス変換** (Laplace transformation) の概要について述べる．ラプラス変換は振動系や制御系の過渡応答を求めるのに大変有用な解法であるとともに，フーリエ変換や周波数伝達関数を取り扱う上でも理解しておく必要がある．なお，ラプラス変換の厳密な定義や取り扱いについては数学の専門書に委ねることとし，ここでは機械振動の問題を扱うのに必要最小限の説明にとどめる．

4.9 ラプラス変換による振動解析

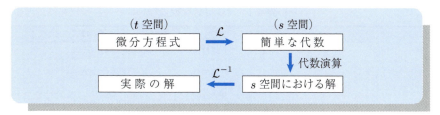

図 4.23 ラプラス変換を用いた解法

4.9.1 ラプラス変換による過渡応答解析

ラプラス変換を用いた解決の手順は，図 4.23 に示されるように，まず，t 空間で表される微分方程式や関数を s 空間の代数方程式に変換する．s 空間では簡単な代数演算によって解が求められ，この解を再び，s 空間から t 空間に逆変換してやれば，これが求める解となる．s はラプラス演算子であって複素数と考えてよい．

t 空間における関数 $x(t)$ はつぎの積分によって s 空間の関数 $X(s)$ に変換される．

$$X(s) = \int_0^\infty x(t)e^{-st}dt \tag{4.108}$$

この積分変換をラプラス変換といい，以下のように表す．

$$X(s) = \mathcal{L}\left[x(t)\right] \tag{4.109}$$

$\mathcal{L}$ はラプラス変換記号を意味する．表 4.1 はさまざまな関数についてラプラス変換を行ったものであり，このような変換表を用いれば，式 (4.108) の計算を省略することができる．t による微分や積分は表 4.1 に示されるように，s による乗算や除算に置きかえることができ，s 空間では，四則演算だけで容易に解 $X(s)$ を求めることができる．

つぎに，$X(s)$ から $x(t)$ を求める過程は**ラプラス逆変換** (inverse Laplace transformation) といわれ，次式のような**ブロムウィッチ積分** (Bromwich integral) と呼ばれる複素積分によって変換される．

$$x(t) = \frac{1}{2\pi j} \int_{c-j\infty}^{c+j\infty} X(s)e^{st}ds \tag{4.110}$$

また，ラプラス逆変換は記号 $\mathcal{L}^{-1}$ を用いて

表 4.1 ラプラス変換表

$x(t)$	$X(s)$	$x(t)$	$X(s)$
$\delta(t)$	1	$ax(t)$	$aX(s)$
$u(t)(=1)$	$\dfrac{1}{s}$	$x_1(t) \pm x_2(t)$	$X_1(s) \pm X_2(s)$
t^n	$\dfrac{n!}{s^{n+1}}$	$x^{(n)}(t)$	$s^n X - s^{n-1}x_0 - s^{n-2}x_0^{(1)}$ $\cdots - x_0^{(n-1)}$
e^{-at}	$\dfrac{1}{s+a}$		
te^{-at}	$\dfrac{1}{(s+a)^2}$	$x^{(-n)}(t)$	$s^{-n}X + s^{-n}x_0^{(-1)} + s^{-n+1}x_0^{(-2)}$ $\cdots + s^{-1}x_0^{(-n)}$
$\sin at$	$\dfrac{a}{s^2+a^2}$	$x(at)$	$\dfrac{1}{a}X\left(\dfrac{s}{a}\right)$
$\cos at$	$\dfrac{s}{s^2+a^2}$	$x(t+a)$	$e^{as}X$
$\sinh at$	$\dfrac{a}{s^2-a^2}$	$e^{at}x(t)$	$X(s-a)$
$\cosh at$	$\dfrac{s}{s^2-a^2}$	$x_1 * x_2$	$X_1 \cdot X_2$
$\dfrac{1}{(b-a)}(e^{-at}-e^{-bt})$	$\dfrac{1}{(s+a)(s+b)}$	$tx(t)$	$-\dfrac{d}{ds}X(s)$
$\dfrac{1}{a^2}(1-\cos at)$	$\dfrac{1}{s(s^2+a^2)}$	$\dfrac{1}{t}x(t)$	$\displaystyle\int_s^\infty X(s)ds$
$\dfrac{1}{b}e^{-at}\sin bt$	$\dfrac{1}{(s+a)^2+b^2}$	$x^{(n)}(t) = \dfrac{d^n x}{dt^n}$ $x^{(-n)}(t) = \displaystyle\iint \cdots \int_n x(t)(dt)^n$	
$e^{-at}\cos bt$	$\dfrac{s+a}{(s+a)^2+b^2}$	$x_1 * x_2 = \displaystyle\int_0^t x_1(t-\tau)x_2(\tau)d\tau$	

$$x(t) = \mathcal{L}^{-1}[X(s)] \tag{4.111}$$

のように表す．この過程では複素関数論の知識が必要となり，一般に計算が複雑になるが，実際には表 4.1 のような変換表を用いれば容易に逆変換ができる．表にないものは式 (4.110) を計算するか，数値ラプラス逆変換を用いて求められる．

つぎにラプラス変換を用いた微分方程式の解法例を示す．

(1) 不減衰系の自由振動

運動方程式

$$m\ddot{x} + kx = 0 \tag{4.112}$$

を，初期条件 $t=0$ で $x=x_0$, $\dot{x}=v_0$ のもとにラプラス変換すると，

$$m(s^2 X - sx_0 - v_0) + kX = 0 \tag{4.113}$$

が得られる．したがって $X(s)$ は，

$$X(s) = \frac{sx_0 + v_0}{s^2 + \omega_n^2} = \frac{sx_0}{s^2 + \omega_n^2} + \frac{v_0}{s^2 + \omega_n^2} \tag{4.114}$$

ただし，$\omega_n = \sqrt{k/m}$

となり，これを表 4.1 を用いて逆変換すると，

$$x(t) = x_0 \cos \omega_n t + \frac{v_0}{\omega_n} \sin \omega_n t \tag{4.115}$$

が得られる．この結果は式 (3.12) に一致する．

(2) 不減衰系の強制振動

運動方程式

$$m\ddot{x} + kx = F \cos \omega t \tag{4.116}$$

をラプラス変換すると，

$$m(s^2 X - sx_0 - v_0) + kX = F\frac{s}{s^2 + \omega^2} \tag{4.117}$$

が得られる．強制振動の項のみに着目し，初期条件を $t=0$ で $x=0$, $\dot{x}=0$ とおくと，

$$(ms^2 + k)X(s) = F\frac{s}{s^2 + \omega^2}$$

となり，$X(s)$ は

$$\begin{aligned}X(s) &= \frac{F}{m} \frac{s}{(s^2 + \omega^2)(s^2 + \omega_n^2)} \\ &= \frac{F}{m} \frac{1}{\omega_n^2 - \omega^2} \left[\frac{s}{s^2 + \omega^2} - \frac{s}{s^2 + \omega_n^2} \right]\end{aligned} \tag{4.118}$$

で表される．変換表を参照してこれを逆変換すると

$$x(t) = \frac{F}{m(\omega_n^2 - \omega^2)} (\cos \omega t - \cos \omega_n t) \tag{4.119}$$

が得られ，式 (4.104) に一致する．

(3) 粘性減衰系のインパルス応答

運動方程式は，

$$m\ddot{x} + c\dot{x} + kx = \delta(t) \tag{4.120}$$

で表され，初期条件を $t=0$ で $x=0$, $\dot{x}=0$ として，この式をラプラス変換すると，$\mathcal{L}[\delta(t)] = 1$ であるから，

$$X(s) = \frac{1}{ms^2 + cs + k} \equiv H(s) \tag{4.121}$$

が得られる．この式の分母を 0 とおくと s の解は式 (3.80) と同じ形で求められる．いま，$\zeta < 1$ とすると，式 (4.121) は，

$$\begin{aligned} X(s) &= \frac{1}{m(s + \omega_n\zeta - j\omega_d)(s + \omega_n\zeta + j\omega_d)} \\ &= \frac{1}{m\{(s + \omega_n\zeta)^2 + \omega_d^2\}} \end{aligned} \tag{4.122}$$

のように書きかえられる．これを逆変換すると次式が得られ，式 (4.98) に一致する．

$$h(t) = x(t) = \frac{1}{m\omega_d} e^{-\varepsilon t} \sin \omega_d t \tag{4.123}$$

(4) 任意外力による応答

任意外力を $f(t)$ とすると，運動方程式は，

$$m\ddot{x} + c\dot{x} + kx = f(t) \tag{4.124}$$

となり，ラプラス変換して $X(s)$ を求めると，

$$X(s) = \frac{F(s)}{ms^2 + cs + k} \tag{4.125}$$

が得られる．さらに式 (4.121) を考慮すると，

$$X(s) = H(s) \cdot F(s) \tag{4.126}$$

で表され，逆変換すると，たたみこみの定理より，

$$x(t) = \int_0^t h(t-\tau) f(\tau) d\tau \tag{4.127}$$

となって，さきに求めた式 (4.101) に一致する．

4.9.2 周波数伝達関数とコンプライアンス

調和振動によって加振する場合を考え，式 (4.124) において，強制力の項を $f(t) = Fe^{j\omega t}$ とおく．いま，複素数表示の解 $\boldsymbol{x}(t) = \boldsymbol{A}e^{j\omega t}$ を仮定し，式 (4.124) に代入すると，

$$(-m\omega^2 + jc\omega + k)\boldsymbol{A} = F \tag{4.128}$$

が得られる．これより，

$$\boldsymbol{A} = \frac{F}{-m\omega^2 + jc\omega + k} \tag{4.129}$$

となる．さらに式 (4.121) を考慮すると

$$\boldsymbol{A} = \boldsymbol{G}(j\omega)F, \quad \boldsymbol{G}(j\omega) = \boldsymbol{H}(j\omega) \tag{4.130}$$

のように書き表すことができる．ここで，$\boldsymbol{H}(j\omega)$ はインパルス応答をラプラス変換した $H(s)$ において，

$$s = j\omega \tag{4.131}$$

とおいたものである．このような $\boldsymbol{G}(j\omega)$ は自動制御の分野では**周波数伝達関数** (frequency transfer function) と呼ばれ，振動工学では**コンプライアンス** (compliance) と呼ばれている．

さらに，

$$\boldsymbol{G}(j\omega) = G(\omega)e^{-j\phi} \tag{4.132}$$

のように表すとき，$G(j\omega)\ (= |\boldsymbol{G}(j\omega)|)$ を**ゲイン** (gain) または，**大きさ** (magnitude)，ϕ を**偏角**という．式 (4.130) より $G(\omega)$ は，

$$G(\omega) = |\boldsymbol{A}|/F = A(\omega)/F \tag{4.133}$$

で表され，入力振幅に対する出力変位振幅の比を表している．また別の表現をすれば $G(\omega)$ は動的剛さの逆数を意味している．ϕ は外力に対する位相遅れであり，したがって応答は，

$$\boldsymbol{X} = A(\omega)e^{j(\omega t - \phi)} \tag{4.134}$$

で表される．

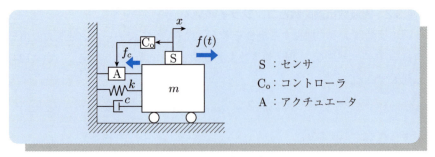

図 4.24 振動の制御

4.9.3 振動の制御

振動を制御する方法には，**受動制振** (passive vibration control) と**能動制振** (active vibration control) がある．受動制振とはダンパなどを用いて減衰を増加させて制振する方法である．受動制振は外部エネルギを必要としない利点を持つが，装置の構成が決定されると，変更は困難となる．一方，能動制振は外部エネルギを用いて，振動応答を積極的にコントロールする方法である．ここでは，能動制振の概要について述べる．

図 4.24 は，ばね定数 k，減衰係数 c で支持された質量 m の機械に外力 $f(t)$ が作用している状態を示している．さらに，機械の運動は常時，センサ S により計測し，その値からコントローラ C_o により適当な制御量を算出し，アクチュエータ A により制御力 f_c を発生させて，機械の振動を抑制する．このとき，運動方程式は，

$$m\ddot{x} + c\dot{x} + kx + f_c = f(t) \tag{4.135}$$

ここで，制御力 f_c を次式とする．

$$f_c = K_p x + K_d \dot{x} \tag{4.136}$$

したがって，式 (4.135) は

$$m\ddot{x} + (c + K_d)\dot{x} + (k + K_p)x = f(t) \tag{4.137}$$

となり，見かけ上，減衰を増加させたり，固有振動数を変化させることが可能となる．式 (4.133) から，周波数伝達関数を求めると，

4.10　周波数の変化する外力による強制振動

$$G(j\omega) = \frac{X(j\omega)}{F(j\omega)} = \frac{1}{-m\omega^2 + (c+K_d)j\omega + (k+K_p)}$$

$$= \frac{1}{k+K_p} \frac{1}{1-\left(\dfrac{\omega}{\omega_{nc}}\right)^2 + j\left(2\zeta_c \dfrac{\omega}{\omega_{nc}}\right)} \quad (4.138)$$

ここで,

$$\omega_{nc} = \frac{m}{k+K_p}, \quad \zeta_c = \frac{c+K_d}{2\sqrt{m(k+K_p)}} \quad (4.139)$$

4.10　周波数の変化する外力による強制振動

たとえば，回転機械のモータを始動すると，静止状態から回転数は時間とともに上昇し，やがて一定回転数に達する．また，逆に定常回転している機械の電源を切ると回転数は減速して静止状態に戻る．もし，このとき回転体に不釣り合いがあると，これによって励振力が発生し，その周波数は時間とともに変化する．

このように外力の周波数が変化する場合は，系の応答は周波数を一定として求めた定常応答とは異なった挙動を呈する．特に，共振点の近傍を通過するとき，その通過速度によっては，運動はかなり異なったものとなる．通過速度が遅い場合は，共振点でかなりの振幅の増大傾向がみられるが，通過速度が大きければ，共振現象が顕著に現れることなく速やかに定常状態に移行する．

このことを，不減衰系のモデルで調べてみる．いま簡単のため，外力の角振動数 ω が時間に比例して大きくなるとする．比例定数を $\alpha/2$ とすると，運動方程式は，

$$m\ddot{x} + kx = F\sin\frac{1}{2}\alpha t^2 \quad (4.140)$$

で表される．この解は，任意外力の応答を求める式 (4.102) より，

$$x(t) = \frac{F}{m\omega_n}\int_0^t \sin\omega_n(t-\tau)\sin\frac{1}{2}\alpha\tau^2 d\tau \quad (4.141)$$

となる．この積分は**フレネルの積分** (Fresnel integral) を用いて計算すること

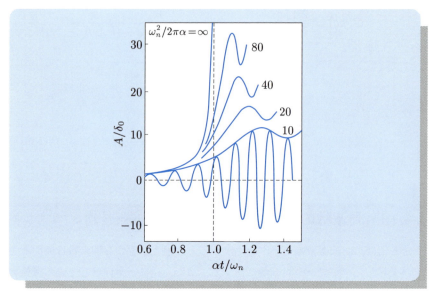

図 4.25 周波数上昇における共振点通過応答

ができる．もちろん数値積分を行って解を求めてもよい．図 4.25 は運動波形の例と振幅の変化の様子を示したものであるが，共振点を通過するときでも振幅は有限となることがわかる．また，回転数を上げてゆく場合は，最大振幅は共振点よりやや高い点で現れ，その振幅は上昇速度が大きいほど小さくなること，また，振幅の包絡線は振動的になることがわかる．

4.11 ロータ系の振動

さまざまな回転機械において回転子（ロータ）の重心が回転軸の中心線上にない場合，回転時に遠心力やモーメントが発生し，機械の振動や騒音の原因となる．さらに，軸の回転数が軸の横振動の固有振動数と等しくなると，系が大きく振れまわり，激しいときには機器を破損させるような重大なトラブルを起こすこともある．このような回転数を**危険速度** (critical speed) と呼び，回転機械を設計したり，使用したりするうえでもっとも重要な概念となっている．

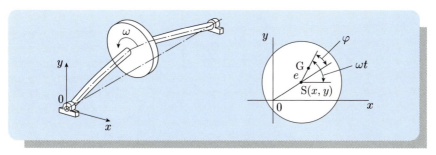

図 4.26 ロータ系の振れまわり

以下では回転機械の危険速度と釣り合わせ法について考える．

4.11.1 回転機械の危険速度

いま，図 4.26 に示すように，重心 G が e だけ偏心した円板が軸の中央に取付けられ，角速度 ω で回転しているとする．ある時刻 t における円板の中心 S の座標を (x, y) とすると，重心 G の座標は，

$$(x + e\cos\omega t,\ y + e\sin\omega t)$$

となる．ロータの質量を m，軸のたわみ剛性を k，減衰係数を c とすると，運動方程式は，

$$m\frac{d^2}{dt^2}(x + e\cos\omega t) + c\dot{x} + kx = 0 \tag{4.142}$$

$$m\frac{d^2}{dt^2}(y + e\sin\omega t) + c\dot{y} + ky = 0 \tag{4.143}$$

で表され，これを書きかえると，

$$m\ddot{x} + c\dot{x} + kx = me\omega^2 \cos\omega t \tag{4.144}$$

$$m\ddot{y} + c\dot{y} + ky = me\omega^2 \sin\omega t \tag{4.145}$$

が得られる．便宜上，式 (4.145) に $j(=\sqrt{-1})$ をかけて式 (4.144) と加え合わせ，さらに

$$z = x + jy \tag{4.146}$$

とおくと，つぎの式が求められる．

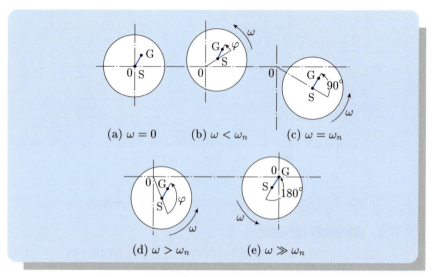

図 4.27 回転角速度の変化によるロータの位置

$$m\ddot{z} + c\dot{z} + kz = me\omega^2 e^{j\omega t} \tag{4.147}$$

この式の定常解は $z = \boldsymbol{A}e^{j\omega t}$ とおくことにより,

$$\boldsymbol{A} = \frac{me\omega^2}{k - m\omega^2 + j\omega c} = \frac{e\left(\dfrac{\omega}{\omega_n}\right)^2}{\sqrt{\left\{1 - \left(\dfrac{\omega}{\omega_n}\right)^2\right\}^2 + \left(2\zeta\dfrac{\omega}{\omega_n}\right)^2}} e^{-j\phi} \tag{4.148}$$

ここで,

$$\tan\phi = \frac{2\zeta\dfrac{\omega}{\omega_n}}{1 - \left(\dfrac{\omega}{\omega_n}\right)^2}, \quad \omega_n = \sqrt{k/m} \tag{4.149}$$

のように求められる.

$|\boldsymbol{A}|$ はロータ中心の振れまわりの振幅を表し,$|\boldsymbol{A}|/e$ の応答曲線は図 4.14 と同一のものになる.図を参照すると明らかなように,特に減衰が小さいときには危険速度 $\omega = \omega_n$ の近傍で振れまわりの振幅はかなり大きくなるため,十分な注意が必要である.なお,図 4.27 は ω がいろいろ変化したときの振幅およ

4.11 ロータ系の振動

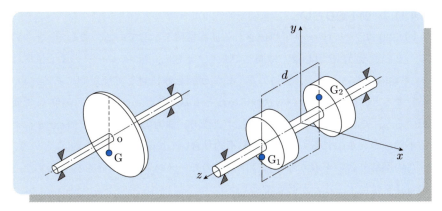

図 4.28 静不釣り合い　　　図 4.29 動不釣り合い

び重心，回転中心の位相関係を示したものである．それぞれの図は，円板の回転角度が同一の状態（すなわち SG の向きが同一のとき）の振幅と位相を表しており，回転速度によって円板の中心 S と重心 G の位相とがさまざまに変化することがわかる．

4.11.2 静不釣り合い

図 4.26 に示すような振れまわりの場合，ロータを回転させなくても，図 4.28 に示すように，重心 G が下方になるようにロータが静止することから，容易に，不釣り合いの方向がわかる．このような不釣り合いを**静不釣り合い** (static unbalance) と呼ぶ．

図の破線で示すように，重心の位置 G と回転中心に対して反対の方向に，次式が成り立つように質量 m_0 のおもりを取り付けると，円板の重心が回転中心に一致することから不釣り合いを除去できる．

$$\left.\begin{array}{l} Me\omega^2 = m_0 r\omega^2 \\ Me = m_0 r \end{array}\right\} \quad (4.150)$$

ここで，Me を**不釣り合い量**という．

4.11.3 動不釣り合い

図 4.29 は 2 つのロータで構成される回転機械を示している．ここで，2 つのロータの質量 M と偏心量 e は同じであり，ともに，2 つのロータの重心位置は yz 平面内にあるとする．2 つの重心位置が回転軸に対して反対側にあるため，一見すると，静的釣り合いの状態にあるともみえるが，ロータが角速度 ω で回転すると，それぞれの遠心力は $Me\omega^2$ となり，偶力のモーメント $Me\omega^2 d$ による不釣り合いが生じる．これを，**動不釣り合い** (dynamic unbalance) という．

この不釣り合いを取り除くには，偶力のモーメント $Me\omega^2 d$ を打ち消すための質量を付加することが必要である．

一般には，重心位置は異なる平面上に存在することから，不釣り合いを取り除くには，力とモーメントの総和がゼロになるように，付加質量の大きさと位置を決定する．

例題 2

図中において，円板 B には，x 軸から 90 度，半径 2 mm の位置に不釣り合い質量 1 kg があり，円板 C には，x 軸から 60 度，半径 1.5 mm の位置に不釣り合い質量 2 kg がある．いま，円板 A, D の半径 1 mm のところに質量を付けて，修正したい．その大きさと x 軸からの角度を求めよ．

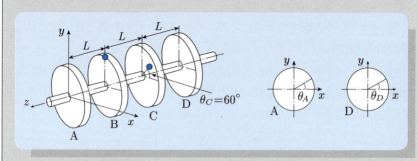

図 4.30 4 つの円板からなるロータ系

解答 円板 A, D に取りつける質量の大きさをそれぞれ，m_A, m_D とし，角度を θ_A, θ_D とする．x 軸および y 軸方向の力の釣り合いより，

$$m_A \times 1 \times \cos\theta_A + m_D \times 1 \times \cos\theta_D + 1 \times 2 \times \cos 90[°] + 2 \times 1.5 \times \cos 60[°] = 0 \tag{1}$$

$$m_A \times 1 \times \sin\theta_A + m_D \times 1 \times \sin\theta_D + 1 \times 2 \times \sin 90[°] + 2 \times 1.5 \times \sin 60[°] = 0 \tag{2}$$

y 軸および x 軸まわりのモーメントの釣り合いより，

$$m_D \times 1 \times \cos\theta_D \times 3L + 1 \times 2 \times \cos 90[°] \times L + 2 \times 1.5 \times \cos 60[°] \times 2L = 0 \tag{3}$$

$$m_D \times 1 \times \sin\theta_D \times 3L + 1 \times 2 \times \sin 90[°] \times L + 2 \times 1.5 \times \sin 60[°] \times 2L = 0 \tag{4}$$

式 (3), (4) より，

$$m_D \sin\theta_D = -2.4, \quad m_D \cos\theta_D = -1.0$$

よって，

$$m_D = \sqrt{(-1.0)^2 + (-2.4)^2} = 2.6\,[\text{kg}], \quad \theta_D = \tan^{-1}\left(\frac{-2.4}{-1.0}\right) = -113°$$

また，式 (1), (2) より，

$$m_A \sin\theta_A = -2.2, \quad m_A \cos\theta_A = -0.5$$

よって，

$$m_A = \sqrt{(-0.5)^2 + (-2.2)^2} = 2.3\,[\text{kg}], \quad \theta_A = \tan^{-1}\left(\frac{-2.2}{-0.5}\right) = -103°$$

□

第4章の問題

- **1** 質量 5 kg のおもりがばね定数 200 N/mm のばねに支えられ，$F\cos\omega t$ の外力を受けている．
  - (a) 系の固有振動数を求めよ．
  - (b) $F = 10N$, $f = \omega/2\pi = 20\,\text{Hz}$ のときの振幅を求めよ．
  - (c) この系に $\zeta = 0.1$ の粘性減衰を与えたときの (b) の条件における振幅を求めよ．また，$F = 10\,\text{N}$ のとき，最大振幅の値とそれが発生する振動数を求めよ．

- **2** 強制振動の振幅を静的たわみの 1/10 に抑えたい．$\zeta = 0$ および，$\zeta = 0.1$ のとき，系の満足すべき条件を求めよ．

- **3** 粘性減衰系の強制振動応答曲線を複素平面で表現せよ．

- **4** 質量 10 kg，ばね定数 500 N/mm の質量ばねを持つ粘性減衰系において，振幅 2 mm，振動数 10 Hz のときの調和振動の 1 周期当たりの消費仕事が $10\,\text{N}\cdot\text{mm}$ であった．この系の減衰係数，減衰比を求めよ．

- **5** 質量 1 kg，ばね定数 10 kN/m の系が 800 rpm で回転している回転部分を持つ．振幅が 0.1 mm であるとき不釣り合い量を求めよ．

- **6** 減衰比 0.05，外力振動数 100 Hz のときの減衰振動系の伝達率を 0.2 以下とするためには系の固有振動数をどのように設計すればよいか．

- **7** 図 (a) に示すように，地震により振動する建物をモデル化すると図 (b) のように表される．地面が加速度 $\ddot{u} = \alpha$ で T 秒間加速し，つぎの T 秒間で $\ddot{u} = -\alpha$ で減速して停止する．m の動きを求めよ．

(a) 地震による建物の振動　　(b) モデル図

- **8** 静的な変位と荷重の関係より求めた目盛を持つばね，質量系を用いて，正弦的に変動する動的荷重を 5% 以内の精度で測定したい．どの程度の振動数まで可能か．

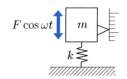

第5章
2自由度系の振動

　実際の機械の振動を解析しようとする場合，今までのように1自由度系としてモデル化されることは少なく，ほとんどの場合には多自由度系として取り扱わなければならない．多自由度系の場合には複数の固有振動数を持ち，さらに各固有振動数に対して固有の振動パターン，すなわち固有モードが存在する．この章では，多自由度系の振動特性を知るうえで基本となる2自由度系について，運動方程式の導き方，固有振動数および固有モードを学ぶ．

5.1 自由振動

5.1.1 ばね質量系

図 5.1 に示すように，2 個の質点 m_1 と m_2 がばね k_1, k_2, k_3 によって直列につながれた系を考える．この系の運動を表すときには m_1 の変位 x_1 と m_2 の変位 x_2 の 2 つの変数が必要であることから，この系は **2 自由度系** (two-degree-of-freedom system) であることがわかる．

(1) 運動方程式

質点 m_1 と m_2 についてニュートンの運動の法則を適用して運動方程式を導くとき，変位 x_1 と x_2 によって生じる復元力を求める必要がある．2 つの質点が同時に変位する場合の復元力を求めるときには，以下のようにするとわかりやすい．まず，質点 m_2 を固定して変位 x_1 による復元力を考えると図 5.2(a) のようになる．つぎに，図 5.2(b) に示すように質点 m_1 を固定して変位 x_2 による復元力を考える．x_1 と x_2 の変位が同時に生じる場合には，図 5.2(a) と図 5.2(b) の状態を重ね合わせることにより，復元力は図 5.2(c) のようになる．

よって，ニュートンの運動の法則をそれぞれの質点に適用すると，つぎの連立する運動方程式が得られる．

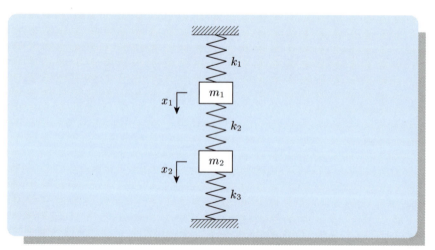

図 5.1　2 自由度ばね質量系

5.1 自由振動

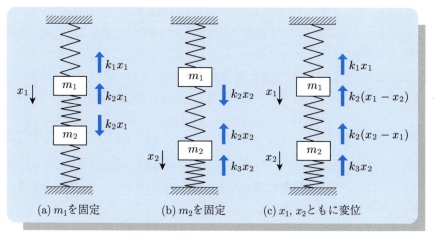

(a) m_1 を固定　(b) m_2 を固定　(c) x_1, x_2 ともに変位

図 5.2　変位 x_1, x_2 による復元力

$$\left.\begin{array}{l} m_1\ddot{x}_1 = -k_1 x_1 - k_2(x_1 - x_2) \\ m_2\ddot{x}_2 = -k_2(x_2 - x_1) - k_3 x_2 \end{array}\right\} \quad (5.1)$$

右辺を左辺に移項して整理すると，つぎのようになる．

$$\left.\begin{array}{l} m_1\ddot{x}_1 + (k_1 + k_2)x_1 - k_2 x_2 = 0 \\ m_2\ddot{x}_2 - k_2 x_1 + (k_2 + k_3)x_2 = 0 \end{array}\right\} \quad (5.2)$$

(2) 固有振動数

式 (5.2) において，x_1 と x_2 が同じ振動数で調和振動するときに右辺がゼロになることから，式 (5.2) の解を以下のようにおく．

$$\left.\begin{array}{l} x_1 = X_1 \cos(\omega t + \phi) \\ x_2 = X_2 \cos(\omega t + \phi) \end{array}\right\} \quad (5.3)$$

X_1 と X_2 は各質点の振幅，ϕ は位相を表す．式 (5.3) を式 (5.2) に代入して

$$\left.\begin{array}{l} (k_1 + k_2 - m_1\omega^2)X_1 - k_2 X_2 = 0 \\ -k_2 X_1 + (k_2 + k_3 - m_2\omega^2)X_2 = 0 \end{array}\right\} \quad (5.4)$$

これをマトリクス表示するとつぎのようになる．

$$\begin{bmatrix} k_1 + k_2 - m_1\omega^2 & -k_2 \\ -k_2 & k_2 + k_3 - m_2\omega^2 \end{bmatrix} \begin{Bmatrix} X_1 \\ X_2 \end{Bmatrix} = \boldsymbol{O} \quad (5.5)$$

式 (5.5) のマトリクスは対称である．これは系に**相反定理** (reciprocal theorem) が成り立つからであるが，一般のばね質量系ではこのことが成立するので，運動方程式導出の際のチェックとして利用できる．

式 (5.2) が振動解を持つには，式 (5.5) において $X_1 = X_2 = 0$ 以外の解が存在する必要があり，したがって次式が成立しなければならない．

$$\Delta(\omega) \equiv \begin{vmatrix} k_1 + k_2 - m_1\omega^2 & -k_2 \\ -k_2 & k_2 + k_3 - m_2\omega^2 \end{vmatrix} = 0 \quad (5.6)$$

$\Delta(\omega)$ を係数行列式ということもある．式 (5.6) は固有振動数を求めるための式になり，これを**振動数方程式** (frequency equation) という．式 (5.6) を展開すると ω^2 の 2 次方程式を得る．

$$\omega^4 - \left(\frac{k_1 + k_2}{m_1} + \frac{k_2 + k_3}{m_2}\right)\omega^2 + \frac{(k_1 + k_2)(k_2 + k_3) - k_2^2}{m_1 m_2} = 0 \quad (5.7)$$

式 (5.7) の解を ω_1, ω_2 $(\omega_1 < \omega_2)$ とおくと，それらはつぎのようになる．

$$\begin{matrix}\omega_1^2 \\ \omega_2^2\end{matrix} = \frac{1}{2}\left[\left(\frac{k_1 + k_2}{m_1} + \frac{k_2 + k_3}{m_2}\right) \mp \sqrt{\left(\frac{k_1 + k_2}{m_1} - \frac{k_2 + k_3}{m_2}\right)^2 + \frac{4k_2^2}{m_1 m_2}}\right] \quad (5.8)$$

すなわち 2 自由度系の場合，式 (5.3) によって表される振動は 2 つの振動数を持ち，それぞれ **1 次固有振動数**，**2 次固有振動数**という．一般の自由振動解は，それら 2 つの固有振動数の解を重ね合わせたつぎの式になる．

$$\left.\begin{matrix} x_1 = X_{11}\cos(\omega_1 t + \phi_1) + X_{12}\cos(\omega_2 t + \phi_2) \\ x_2 = X_{21}\cos(\omega_1 t + \phi_1) + X_{22}\cos(\omega_2 t + \phi_2) \end{matrix}\right\} \quad (5.9)$$

ただし，$X_{11}, X_{12}, X_{21}, X_{22}, \phi_1, \phi_2$ は定数である．

(3) 固有モード

1 次固有振動数 ω_1 で振動しているときの x_1, x_2 の振幅 X_{11}, X_{21} の間には，式 (5.5) からつぎの関係がある．

$$\frac{X_{11}}{X_{21}} = \frac{k_2}{k_1 + k_2 - m_1\omega_1^2} = \frac{k_2 + k_3 - m_2\omega_1^2}{k_2} = \frac{1}{\lambda_1} \quad (5.10)$$

同様に，2 次固有振動数に対しては，

$$\frac{X_{12}}{X_{22}} = \frac{k_2}{k_1 + k_2 - m_1\omega_2^2} = \frac{k_2 + k_3 - m_2\omega_2^2}{k_2} = \frac{1}{\lambda_2} \quad (5.11)$$

5.1 自由振動

それぞれの固有振動数に対して各質点の振幅は一定の比を持って振動することがわかる．すなわち，それぞれの固有振動数に対して振動のパターンが存在する．これらの振動パターンのことを**固有モード** (natural mode)，または振動モードという．1 次固有振動数に対して 1 次固有モード（1 次モードと簡単にいうことが多い），2 次固有振動数に対して 2 次固有モードが存在し，これら 2 つの固有モードは必ず異なる．振幅比 λ_1 と λ_2 は，式 (5.8) と式 (5.10)，式 (5.11) から $\lambda_1 > 0$，$\lambda_2 < 0$ となることがわかる．1 次モードと 2 次モードにおける振動波形を図 5.3 に示す．1 次モードでは $\lambda_1 > 0$ なので 2 個の質点は同方向，すなわち同位相で振動し，2 次モードでは $\lambda_2 < 0$ なので逆方向，すなわち逆位相で振動する．ばね質量系の固有モードを図示する場合，振幅比を用いて図 5.4 のように表すとわかりやすい．

式 (5.10) と式 (5.11) から式 (5.9) はつぎのように書き改められる．

$$\left. \begin{array}{l} x_1 = A\cos(\omega_1 t + \phi_1) + B\cos(\omega_2 t + \phi_2) \\ x_2 = \lambda_1 A\cos(\omega_1 t + \phi_1) + \lambda_2 B\cos(\omega_2 t + \phi_2) \end{array} \right\} \quad (5.12)$$

式 (5.12) は運動方程式 (5.1) の一般解であり，A，B，ϕ_1，ϕ_2 は各質点の初期変位と初期速度から決定される．

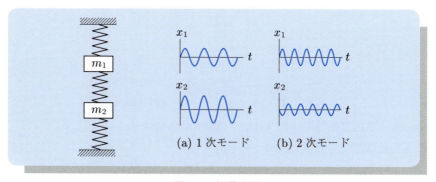

図 5.3　振動波形

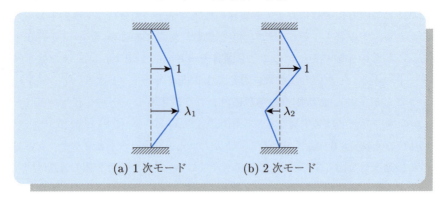

図 5.4 固有モード

---**例題 1**---

図 5.1 において,$m_2 = 2m_1$, $m_1 = 1\,\mathrm{kg}$, $k_1 = k_2 = k_3 = 50\,\mathrm{kN/m}$ のとき,系の固有振動数および固有モードを求めよ.また,m_1 と m_2 の初期変位がそれぞれ 2 mm と 0 mm,初期速度が両者ともゼロのときの自由振動解を求めよ.

解答 式 (5.8) において $m_1 = m_2/2 = m$, $k_1 = k_2 = k_3 = k$ とすると,

$$\begin{aligned}\omega_1^2 \\ \omega_2^2\end{aligned} = \frac{k}{m}\frac{3 \mp \sqrt{3}}{2}$$

$m = 1\,\mathrm{kg}$, $k = 50\,\mathrm{kN/m}$ を代入して,

$$\begin{aligned}\omega_1 \\ \omega_2\end{aligned} = \sqrt{50000 \times \frac{3 \mp \sqrt{3}}{2}} = \begin{aligned}178\,[\mathrm{rad/s}] \\ 344\,[\mathrm{rad/s}]\end{aligned}$$

よって 1 次固有振動数は 28.3 Hz,2 次固有振動数は 54.7 Hz になる.

振幅比 λ_1 と λ_2 は式 (5.10) と式 (5.11) から

$$\begin{aligned}1/\lambda_1 \\ 1/\lambda_2\end{aligned} = -1 \pm \sqrt{3} = \begin{aligned}0.732 \\ -2.732\end{aligned}$$

したがって固有モードは図 5.4 において $\lambda_1 = 1.366$, $\lambda_2 = -0.366$ として表せる.

式 (5.12) に初期条件を適用するとつぎの 4 式が得られる.

$$A\cos\phi_1 + B\cos\phi_2 = 2$$
$$\lambda_1 A\cos\phi_1 + \lambda_2 B\cos\phi_2 = 0$$
$$-\omega_1 A\sin\phi_1 - \omega_2 B\sin\phi_2 = 0$$
$$-\omega_1\lambda_1 A\sin\phi_1 - \omega_2\lambda_2 B\sin\phi_2 = 0$$

これを，ϕ_1, ϕ_2, A, B について解くと，

$$\phi_1 = \phi_2 = 0, \quad A = -\frac{2\lambda_2}{\lambda_1 - \lambda_2} = 0.423, \quad B = \frac{2\lambda_1}{\lambda_1 - \lambda_2} = 1.577$$

よって自由振動解はつぎのようになる．

$$\left.\begin{array}{l} x_1 = 0.423\cos(178t) + 1.577\cos(344t) \\ x_2 = 0.577\cos(178t) - 0.577\cos(344t) \end{array}\right\}$$

5.1.2 ねじり系

図 5.5 に示す慣性モーメント J_1, J_2 の 2 つの円板を持つねじり振動系を考える．円板を連結している 2 つの軸はそれぞれ K_1, K_2 のねじりばね定数を持っている．

ねじりの運動を考える場合，2 つの円板の角変位 θ_1 と θ_2 が必要であることから，この系は 2 自由度系であることがわかる．角変位 θ_1 と θ_2 による軸の復元トルクは，ばね質量系の場合と同様に求められる．

すなわち図 5.6(a) に示すように，まず J_2 を固定して角変位 θ_1 による復元ト

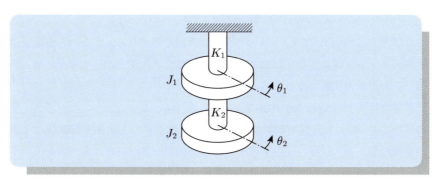

図 5.5 2 自由度ねじり系

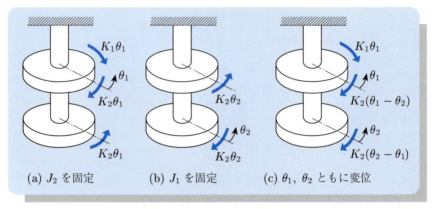

図 5.6 角変位 θ_1, θ_2 による復元トルク

ルクを求め，つぎに図 5.6(b) のように J_1 を固定したときの θ_2 による復元トルクを考える．θ_1 と θ_2 による復元トルクは図 5.6 の (a) と (b) を重ね合わせて得られる (c) から求めることができる．

したがって角変位 θ_1, θ_2 に関するねじり振動の運動方程式は，ニュートンの運動の法則を適用するとつぎのようになる．

$$\left.\begin{aligned} J_1\ddot{\theta}_1 &= -K_1\theta_1 - K_2(\theta_1 - \theta_2) \\ J_2\ddot{\theta}_2 &= -K_2(\theta_2 - \theta_1) \end{aligned}\right\} \tag{5.13}$$

整理して次式を得る．

$$\left.\begin{aligned} J_1\ddot{\theta}_1 + (K_1 + K_2)\theta_1 - K_2\theta_2 &= 0 \\ J_2\ddot{\theta}_2 - K_2\theta_1 + K_2\theta_2 &= 0 \end{aligned}\right\} \tag{5.14}$$

これは式 (5.1) において $k_3 = 0$ とした場合と同じ形である．すなわち質量を慣性モーメント，ばね定数をねじりばね定数，変位を角変位として考えれば，ねじり系の運動方程式になる．

運動方程式 (5.14) は 5.1.1 項に述べた方法と同じように解くことができ，その結果，2 つのねじり固有振動数，すなわち，ねじりの 1 次固有振動数と 2 次固有振動数，およびねじりの 1 次モードと 2 次モードが得られる．固有モードは，ねじりの変位として考えなければならないことに注意を要する．

5.1.3 車体系

自動車の前輪と後輪の部分をそれぞれ 1 つのばね，車体を剛体として図 5.7 のように簡単化して考える．車体の運動は重心 G の上下運動と G 点まわりの回転運動とに分けられる．したがって車体の運動を表すのに，重心 G の変位 x と回転変位 θ の 2 つの変数が必要であり，2 自由度系であることがわかる．

(1) 運動方程式

x と θ によるばね k_1 と k_2 の復元力を求めるとき，今までと同様に x のみによる復元力と θ のみによる復元力を別々に考え，最後にそれらを重ね合わせて x と θ が同時に存在するときの復元力を求める．図 5.8(a) に車体の回転を拘束して x 変位だけによる復元力，図 5.8(b) に車体の x 変位を拘束したときの θ 変

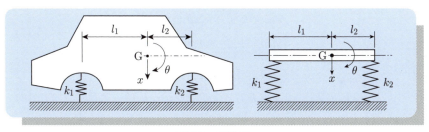

図 5.7 車体系

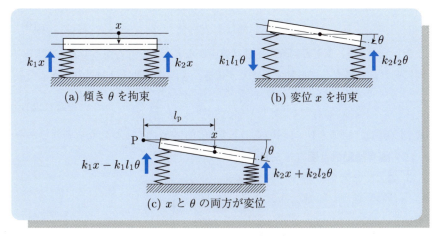

図 5.8 x と θ による復元力

位だけによる復元力を示す．したがって x と θ による復元力は，それらを重ね合わせて得られる図 5.8(c) から求められる．

車体の質量を m とし，上下方向の運動に関してニュートンの運動の法則を適用するとつぎの運動方程式が得られる．

$$m\ddot{x} = -(k_1 x - k_1 l_1 \theta) - (k_2 x + k_2 l_2 \theta) \tag{5.15}$$

車体の重心まわりの運動を考えるとき，ばねの復元力は G 点まわりのモーメントとして作用することを考慮すると，運動方程式は車体の G 点まわりの慣性モーメントを J_G としてつぎのようになる．

$$J_\mathrm{G} \ddot{\theta} = (k_1 x - k_1 l_1 \theta) l_1 - (k_2 x + k_2 l_2 \theta) l_2 \tag{5.16}$$

式 (5.15) と式 (5.16) を整理してつぎのように表す．

$$\left. \begin{array}{l} m\ddot{x} + k_x x - k_{x\theta} \theta = 0 \\ J_\mathrm{G} \ddot{\theta} - k_{x\theta} x + k_\theta \theta = 0 \end{array} \right\} \tag{5.17}$$

ここに，

$$k_x = k_1 + k_2, \quad k_{x\theta} = k_1 l_1 - k_2 l_2, \quad k_\theta = k_1 l_1^2 + k_2 l_2^2 \tag{5.18}$$

k_x は上下振動のばね定数，k_θ は回転振動のばね定数，$k_{x\theta}$ は上下振動と回転振動の**連成** (coupling) のばね定数である．$k_{x\theta} = 0$ のとき，すなわち

$$k_1 l_1 = k_2 l_2 \tag{5.19}$$

が成り立つとき，上下と回転の振動は連成がなくなる．したがって x 方向と θ 方向にそれぞれ独立して振動することができ，各固有振動数はつぎのようになる．

$$\omega_x = \sqrt{\frac{k_x}{m}}, \quad \omega_\theta = \sqrt{\frac{k_\theta}{J_\mathrm{G}}} \tag{5.20}$$

式 (5.19) は，図 5.8(b) において上下方向の総復元力がゼロになる条件である．

(2) 固有振動数と固有モード

式 (5.17) の解をつぎのようにおく．

$$\left. \begin{array}{l} x = X \cos \omega t \\ \theta = \Theta \cos \omega t \end{array} \right\} \tag{5.21}$$

式 (5.21) を式 (5.17) に代入すると，

5.1 自由振動

$$\begin{bmatrix} k_x - m\omega^2 & -k_{x\theta} \\ -k_{x\theta} & k_\theta - J_\mathrm{G}\omega^2 \end{bmatrix} \begin{Bmatrix} X \\ \Theta \end{Bmatrix} = \boldsymbol{O} \tag{5.22}$$

振動解を持つためには式 (5.22) の係数行列式がゼロでなければならない．よって振動数方程式は式 (5.20) を利用して次式になる．

$$\begin{vmatrix} \omega_x^2 - \omega^2 & -k_{x\theta}/m \\ -k_{x\theta}/J_\mathrm{G} & \omega_\theta^2 - \omega^2 \end{vmatrix} = 0 \tag{5.23}$$

式 (5.23) を展開すると

$$\omega^4 - (\omega_x^2 + \omega_\theta^2)\omega^2 + \omega_x^2\omega_\theta^2 - k_{x\theta}^2/mJ_\mathrm{G} = 0 \tag{5.24}$$

式 (5.24) を解くことにより，1 次と 2 次の固有振動数はつぎのようになる．

$$\begin{matrix}\omega_1^2\\ \omega_2^2\end{matrix} = \frac{1}{2}\left[\omega_x^2 + \omega_\theta^2 \mp \sqrt{(\omega_x^2 - \omega_\theta^2)^2 + 4k_{x\theta}^2/mJ_\mathrm{G}}\,\right] \tag{5.25}$$

振幅比は式 (5.22) から

$$\left[\frac{X}{\Theta}\right]_i = \frac{k_{x\theta}}{k_x - m\omega_i^2} = \frac{k_\theta - J_\mathrm{G}\omega_i^2}{k_{x\theta}} = \frac{1}{\lambda_i}, \quad i = 1, 2 \tag{5.26}$$

$X_i/\theta_i = 1/\lambda_i$ が一定であることから，図 5.8(c) における点 P を中心に車体は回転していることが次式からわかる．

$$l_p = X_i/\Theta_i = 1/\lambda_i \tag{5.27}$$

式 (5.26) に式 (5.25) を代入することにより，

$$\begin{matrix}\lambda_1\\ \lambda_2\end{matrix} k_{x\theta} = m\left(\omega_x^2 - \begin{matrix}\omega_1^2\\ \omega_2^2\end{matrix}\right) = \frac{m}{2}\left[\omega_x^2 - \omega_\theta^2 \pm \sqrt{(\omega_x^2 - \omega_\theta^2)^2 + 4k_{x\theta}^2/mJ_\mathrm{G}}\,\right] \tag{5.28}$$

これより，$\lambda_1 > 0$，$\lambda_2 < 0$ が得られる．さらに $\omega_x < \omega_\theta$ のとき，すなわち

$$\frac{k_1 + k_2}{m} < \frac{l_1^2 k_1 + l_2^2 k_2}{J_\mathrm{G}} \tag{5.29}$$

のときは，式 (5.28) から $|\lambda_1| < |\lambda_2|$ になることがわかる．したがって，このときの車体系の固有モードは図 5.9 のようになる．

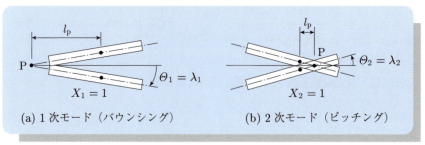

図 5.9　車体系の固有モード

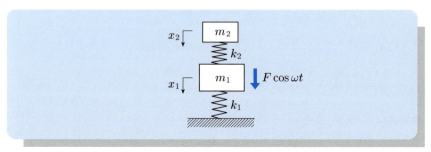

図 5.10　2 自由度不減衰系の強制振動

5.2　強制振動

5.2.1　不減衰系

2 自由度ばね質量系に調和外力が作用するときの応答について考える．ここでは図 5.10 に示す不減衰ばね質量系の質点 m_1 に外力 $F\cos\omega t$ が作用するときの定常振動を求める．5.1.1 項を参考にし，さらに外力を考慮すると運動方程式はつぎのようになる．

$$\left.\begin{aligned} m_1\ddot{x}_1 + k_1 x_1 + k_2(x_1 - x_2) &= F\cos\omega t \\ m_2\ddot{x}_2 + k_2(x_2 - x_1) &= 0 \end{aligned}\right\} \quad (5.30)$$

定常振動解はつぎの形で与えられる．

$$\left.\begin{aligned} x_1 &= X_1 \cos\omega t \\ x_2 &= X_2 \cos\omega t \end{aligned}\right\} \quad (5.31)$$

5.2 強制振動

式 (5.31) を式 (5.30) に代入すると，振幅 X_1, X_2 に関する連立方程式が得られる．

$$\begin{bmatrix} k_1 + k_2 - m_1\omega^2 & -k_2 \\ -k_2 & k_2 - m_2\omega^2 \end{bmatrix} \begin{Bmatrix} X_1 \\ X_2 \end{Bmatrix} = \begin{Bmatrix} F \\ 0 \end{Bmatrix} \quad (5.32)$$

式 (5.32) を解くと

$$\left. \begin{aligned} X_1 &= \frac{F(k_2 - m_2\omega^2)}{\Delta(\omega)} \\ X_2 &= \frac{Fk_2}{\Delta(\omega)} \end{aligned} \right\} \quad (5.33)$$

ただし

$$\begin{aligned} \Delta(\omega) &= (k_1 + k_2 - m_1\omega^2)(k_2 - m_2\omega^2) - k_2^2 \\ &= m_1 m_2 (\omega^2 - \omega_1^2)(\omega^2 - \omega_2^2) \end{aligned} \quad (5.34)$$

式 (5.34) において，$\Delta(\omega) = 0$ は，式 (5.32) の係数行列式がゼロとなる条件，すなわち振動数方程式であり，系の 2 つの固有振動数を与える．1 次と 2 次の固有振動数をそれぞれ ω_1, ω_2 とすると $\Delta(\omega)$ は式 (5.34) のように表現でき，式 (5.33) は，

$$\left. \begin{aligned} X_1 &= \frac{\delta_0 \omega_{n1}^2 (\omega_{n2}^2 - \omega^2)}{(\omega^2 - \omega_1^2)(\omega^2 - \omega_2^2)} \\ X_2 &= \frac{\delta_0 \omega_{n1}^2 \omega_{n2}^2}{(\omega^2 - \omega_1^2)(\omega^2 - \omega_2^2)} \end{aligned} \right\} \quad (5.35)$$

のように表される．ここで，

$$\omega_{n1} = \sqrt{k_1/m_1}, \quad \omega_{n2} = \sqrt{k_2/m_2}, \quad \delta_0 = F/k_1 \quad (5.36)$$

ω_{n1} は質量 m_1 とばね k_1 とからなる 1 自由度系の固有振動数，ω_{n2} は m_2 と k_2 とからなる系の固有振動数を表す．式 (5.35) を使用して応答曲線を描くと，図 5.11 のようになる．図 5.11 および式 (5.33)，式 (5.35) から以下のことがわかる．

① 外力の振動数 ω が系の固有振動数 ω_1, ω_2 にそれぞれ近づくときには，振幅が無限大になり，いわゆる共振を起こす．

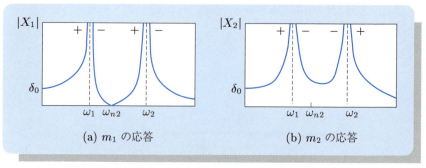

図 5.11 2自由度不減衰系の応答曲線

② 共振における m_1 と m_2 の振幅比は固有モード形である.
$$\left[\frac{X_2}{X_1}\right]_i = \frac{k_2}{k_2 - m_2\omega_i^2}, \quad i = 1, 2 \tag{5.37}$$

③ $\omega = \omega_{n2}$ において $X_1 = 0$, すなわち m_1 は静止する.このとき式 (5.34) から

$$\Delta(\omega_{n2}) = -k_2^2 \tag{5.38}$$

であることを考慮すると

$$[X_2]_{\omega=\omega_{n2}} = -F/k_2 \tag{5.39}$$

したがって,外力と大きさが等しく位相が逆の力が質量 m_1 に働くことになり,外力が相殺されるからである.外力の振動数が一定であるならば,質量 m_1 とばね k_1 からなる主振動系に,$\omega = \omega_{n2}$ なる 1 自由度系を付加することにより m_1 の振動を防止できることがわかる.これを**動吸振器** (dynamic damper, dynamic vibration reducer) という.

④ $\omega_1 < \omega_{n2} < \omega_2$ の関係が成り立つ.
　式 (5.38) より

$$m_1 m_2 (\omega_{n2}^2 - \omega_1^2)(\omega_{n2}^2 - \omega_2^2) < 0 \tag{5.40}$$

よって,$\omega_1 < \omega_{n2} < \omega_2$.

⑤ $\omega = \omega_{n2}$ のときのように,応答曲線の谷 (notch) となっている点を**反共振点** (anti-resonance) という.これはある点を固定した場合の共振点である.

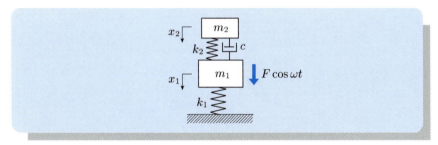

図 5.12 粘性減衰系の強制振動

5.2.2 粘性減衰系

図 5.12 の系のように，粘性減衰が作用する場合の強制振動応答を考える．減衰力は粘性減衰係数を c として速度に比例する力なので，それぞれの質点に作用する減衰力は，復元力を求めたときのように変位を速度に置きかえることにより求めることができる．その結果，運動方程式はつぎのようになる．

$$\left.\begin{array}{l} m_1\ddot{x}_1 + c(\dot{x}_1 - \dot{x}_2) + k_2(x_1 - x_2) + k_1 x_1 = F\cos\omega t \\ m_2\ddot{x}_2 + c(\dot{x}_2 - \dot{x}_1) + k_2(x_2 - x_1) = 0 \end{array}\right\} \quad (5.41)$$

減衰が作用するときの定常振動解を求める場合，複素数を利用したほうが便利である．したがって，$F\cos\omega t$ を $Fe^{j\omega t}$ とおき，x_1, x_2 をそれぞれ $\boldsymbol{X}_1$, $\boldsymbol{X}_2$ として

$$\left.\begin{array}{l} \boldsymbol{X}_1 = \boldsymbol{A}_1 e^{j\omega t} \\ \boldsymbol{X}_2 = \boldsymbol{A}_2 e^{j\omega t} \end{array}\right\} \quad (5.42)$$

とおくと，式 (5.41) より

$$\begin{bmatrix} k_1 + k_2 - m_1\omega^2 + jc\omega & -(k_2 + jc\omega) \\ -(k_2 + jc\omega) & k_2 - m_2\omega^2 + jc\omega \end{bmatrix} \begin{Bmatrix} \boldsymbol{A}_1 \\ \boldsymbol{A}_2 \end{Bmatrix} = \begin{Bmatrix} F \\ 0 \end{Bmatrix} \quad (5.43)$$

式 (5.43) より $\boldsymbol{A}_1$ を求めると

$$\boldsymbol{A}_1 = \frac{F(k_2 - m_2\omega^2 + jc\omega)}{\Delta(\omega)} \quad (5.44)$$

ここに

$$\Delta(\omega) = (k_1 - m_1\omega^2)(k_2 - m_2\omega^2) - k_2 m_2\omega^2 + jc\omega\{k_1 - (m_1 + m_2)\omega^2\} \quad (5.45)$$

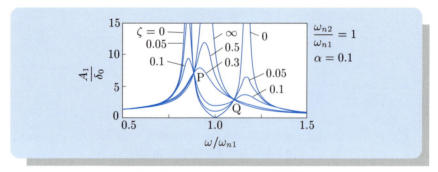

図 5.13 2自由度減衰系の応答曲線

式 (5.36) を利用し，式 (5.44) をつぎのように書きかえる．

$$\boldsymbol{A}_1 = \frac{\delta_0 \omega_{n1}^2 (\omega_{n2}^2 - \omega^2 + j2\zeta\omega_{n1}\omega)}{(\omega^2 - \omega_1^2)(\omega^2 - \omega_2^2) + j2\zeta\omega_{n1}\omega\{\omega_{n1}^2 - (1+\alpha)\omega^2\}} \quad (5.46)$$

ただし

$$\alpha = m_2/m_1, \quad \zeta = c/(2m_2\omega_{n1}) \quad (5.47)$$

ω_1, ω_2 はそれぞれ $c=0$ のときの 1 次，2 次固有振動数を表す．式 (5.46) から，$A_1 = |\boldsymbol{A}_1|$ とすると

$$A_1 = \frac{\delta_0 \omega_{n1}^2 \sqrt{(\omega_{n2}^2 - \omega^2)^2 + (2\zeta\omega_{n1}\omega)^2}}{\sqrt{(\omega^2 - \omega_1^2)^2(\omega^2 - \omega_2^2)^2 + (2\zeta\omega_{n1}\omega)^2\{\omega_{n1}^2 - (1+\alpha)\omega^2\}^2}} \quad (5.48)$$

応答曲線の例を図 5.13 に示す．

5.2.1 項の動吸振器のところで述べたように，質量 m_1 とばね k_1 からなる系を 1 つの機械として考え，それを主振動系とする．それに質量 m_2，粘性減衰係数 c，ばね k_2 の動吸振器を据え付けた系が図 5.12 の一例である．図 5.13 からわかるように，このときの応答曲線は減衰比 ζ の値と無関係に，必ず P 点と Q 点の両方を通る．このことを利用して，P，Q の高さが等しくなるようにし，かつ P，Q 点付近に曲線の 2 つのピークが来るように動吸振器の m_2，c，k_2 の値を設計すると，外力振動数の広い範囲にわたって主振動系の振幅を低減する動吸振器を作ることができる．このときの条件式は以下のようになる．

$$\frac{\omega_{n2}}{\omega_{n1}} = \frac{1}{1+\alpha}, \quad \zeta = \sqrt{\frac{3\alpha}{8(1+\alpha)^3}} \quad (5.49)$$

α は m_1 と m_2 の質量比を表し，適当な値を与えて式 (5.49) から最適な動吸振器のパラメータを求める．一般に α を大きな値とはせず，0.1 付近にする場合が多いようである．この結果，P，Q 点における m_1 の振幅はつぎのようになる．

$$[A_1]_{\mathrm{P,Q}} = \delta_0 \sqrt{1 + \frac{2}{\alpha}} \tag{5.50}$$

最適動吸振器の場合の応答曲線の例を図 5.14 に示す．

5.2.3 いろいろな動吸振器
(1) 遠心振り子式動吸振器

図 5.11 に示したように動吸振器の固有振動数において主振動体の振動はゼロになる．これを利用したものとして，ねじり振動の防振対策に使用する振り子式の動吸振器がある．エンジンなどの回転機械は広い回転数で使用されるが，この動吸振器の固有振動数が回転数に比例して変化することによって，広い振

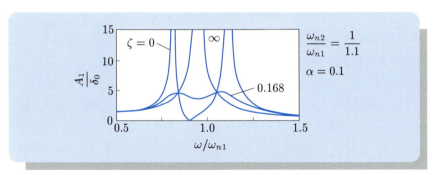

図 5.14　粘性減衰を持つ最適動吸振器系

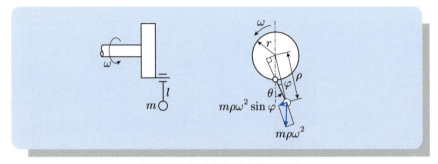

図 5.15　遠心振り子式動吸振器

動数範囲で使用可能にしたものである．その原理を図 5.15 に示す．回転角速度 ω による遠心力を考慮すると，振り子の運動方程式は θ を微小として次式のように表せる．

$$ml^2\ddot{\theta} + lm\rho\omega^2 \sin\varphi = 0 \tag{5.51}$$

ここで

$$r\sin\theta = \rho\sin\varphi \tag{5.52}$$

なる関係があるので式 (5.51) はつぎのようになる．

$$\ddot{\theta} + \frac{r}{l}\omega^2\theta = 0 \tag{5.53}$$

したがって，振り子の固有振動数 ω_n は次式のように回転角速度 ω に比例することになる．

$$\omega_n = \omega\sqrt{\frac{r}{l}} \tag{5.54}$$

回転角速度 ω の n 倍のねじり振動を取るためには $n = \sqrt{r/l}$ とすればよい．実際には l を小さくするためにコロを利用するなどの工夫を要する．

(2) フードダンパ (Houde damper)

図 5.12 において k_2 をなくしたもの**をフードダンパ**という．ねじり振動に対しての適用例があり，その構造を図 5.16 に示す．質量 m_2 は油中にあり，減衰 c には油の粘性摩擦を利用する．式 (5.41) から運動方程式はつぎのようになる．

$$\left.\begin{array}{l} m_1\ddot{x}_1 + c(\dot{x}_1 - \dot{x}_2) + kx_1 = F\cos\omega t \\ m_2\ddot{x}_2 + c(\dot{x}_2 - \dot{x}_1) = 0 \end{array}\right\} \tag{5.55}$$

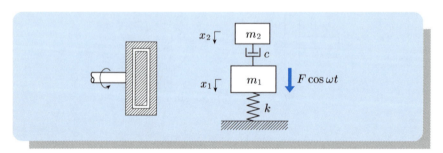

図 5.16　フードダンパ

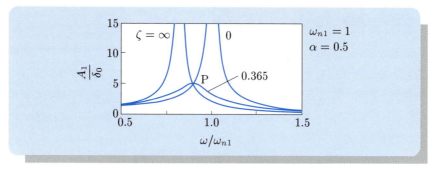

図 5.17　フードダンパの応答曲線

この応答は，式 (5.44), (5.45) において $k_2 = 0$ かつ $\zeta = c/(2\omega_{n1}m_2)$ とおくことにより，

$$A_1 = \frac{\delta_0 \omega_{n1}^2 \sqrt{\omega^2 + (2\zeta\omega_{n1})^2}}{\sqrt{\omega^2(\omega^2 - \omega_{n1}^2)^2 + (2\zeta\omega_{n1})^2 \{\omega_{n1}^2 - (1+\alpha)\omega^2\}^2}} \quad (5.56)$$

この応答曲線は図 5.17 のようになり，ζ の値にかかわらず P 点を通る．P 点に曲線のピークがくる最適条件は

$$\zeta = \frac{1}{\sqrt{2(2+\alpha)(1+\alpha)}} \quad (5.57)$$

そのときの質量 m_1 の振幅は

$$A_1 = \delta_0 \frac{2+\alpha}{\alpha} \quad (5.58)$$

(3) ランチェスタダンパ (Lancaster damper)

フードダンパにおいて粘性摩擦の代わりにクーロン摩擦（乾性摩擦）を利用したものである．

5.3 ラグランジュの方程式

並進の変位と回転の角変位が混在するような系においては，力の作用方向を考えることが難しい場合が多い．このような系に対しては**ラグランジュの方程式**を利用することによって運動方程式の導出が容易になる．一般的な座標 $q_r\ (r=1,2,\cdots,n)$ で表された n 自由度系に対して，ラグランジュの方程式はつぎのようになる．

$$\frac{d}{dt}\left(\frac{\partial T}{\partial \dot{q}_r}\right) = Q_r + \frac{\partial T}{\partial q_r} - \frac{\partial U}{\partial q_r}, \quad r=1,2,\cdots,n \tag{5.59}$$

ここに

T ：運動エネルギ

U ：ポテンシャルエネルギ $\left(Q_{pr} = -\dfrac{\partial U}{\partial q_r}\right)$

Q_r ：一般力から Q_{pr} を引いた力

　　（一般力は q_r 方向に作用する力，またはモーメント）

あるいは，$\dfrac{\partial U}{\partial \dot{q}_r}=0$ であることを利用すると，式 (5.59) は次式のようになる．

$$\frac{d}{dt}\left(\frac{\partial L}{\partial \dot{q}_r}\right) - \frac{\partial L}{\partial q_r} = Q_r \tag{5.60}$$

$$L = T - U \tag{5.61}$$

保存系（エネルギの外部に対する入出力がない系）の場合には $Q_r=0$ であるから

$$\frac{d}{dt}\left(\frac{\partial L}{\partial \dot{q}_r}\right) - \frac{\partial L}{\partial q_r} = 0 \tag{5.62}$$

ここに L は**ラグランジュ関数**と呼ばれる．

粘性減衰がある場合には**散逸関数** D を

$$D = \frac{1}{2}c\dot{q}_r^2 \tag{5.63}$$

として，ラグランジュの方程式はつぎのようになる．

$$\frac{d}{dt}\left(\frac{\partial L}{\partial \dot{q}_r}\right) - \frac{\partial L}{\partial q_r} + \frac{\partial D}{\partial \dot{q}_r} = Q_r \tag{5.64}$$

5.3 ラグランジュの方程式

例題 2

図 5.18 に示す 2 自由度系の運動方程式を求めよ．

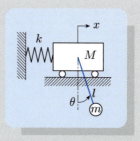

図 5.18 台車と振り子からなる 2 自由度系

解答 θ を微小とすると，運動エネルギ T とポテンシャルエネルギ U はつぎのようになる．

$$T = \frac{1}{2}M\dot{x}^2 + \frac{1}{2}m(l\dot{\theta} + \dot{x})^2$$

$$U = \frac{1}{2}kx^2 + mgl(1 - \cos\theta) = \frac{1}{2}kx^2 + \frac{1}{2}mgl\theta^2$$

よって，

$$\frac{d}{dt}\left(\frac{\partial T}{\partial \dot{x}}\right) = M\ddot{x} + m(l\ddot{\theta} + \ddot{x})$$

$$\frac{d}{dt}\left(\frac{\partial T}{\partial \dot{\theta}}\right) = ml(l\ddot{\theta} + \ddot{x})$$

$$\frac{\partial U}{\partial x} = kx$$

$$\frac{\partial U}{\partial \theta} = mgl\theta$$

さらに $Q_r = 0$ を考慮すると，式 (5.59) からつぎの運動方程式が導かれる．

$$(M + m)\ddot{x} + ml\ddot{\theta} + kx = 0$$

$$\ddot{x} + l\ddot{\theta} + g\theta = 0$$

∎

例題 3

図 5.19 に示す 2 自由度系の運動方程式を求めよ．

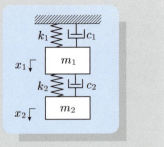

図 5.19 粘性減衰のある 2 自由度系

解答 運動エネルギ T，ポテンシャルエネルギ U および散逸関数 D はつぎのようになる．

$$T = \frac{1}{2}m_1\dot{x}_1^2 + \frac{1}{2}m_2\dot{x}_2^2$$

$$U = \frac{1}{2}k_1 x_1^2 + \frac{1}{2}k_2(x_2 - x_1)^2$$

$$D = \frac{1}{2}c_1\dot{x}_1^2 + \frac{1}{2}c_2(\dot{x}_2 - \dot{x}_1)^2$$

よって，

$$\frac{d}{dt}\left(\frac{\partial T}{\partial \dot{x}_1}\right) = m_1\ddot{x}_1, \qquad \frac{d}{dt}\left(\frac{\partial T}{\partial \dot{x}_2}\right) = m_2\ddot{x}_2$$

$$\frac{\partial U}{\partial x_1} = k_1 x_1 - k_2(x_2 - x_1), \quad \frac{\partial U}{\partial x_2} = k_2(x_2 - x_1)$$

$$\frac{\partial D}{\partial \dot{x}_1} = c_1\dot{x}_1 - c_2(\dot{x}_2 - \dot{x}_1), \quad \frac{\partial D}{\partial \dot{x}_2} = c_2(\dot{x}_2 - \dot{x}_1)$$

運動方程式はつぎのようになる．

$$m_1\ddot{x}_1 + (c_1 + c_2)\dot{x}_1 - c_2\dot{x}_2 + (k_1 + k_2)x_1 - k_2 x_2 = 0$$

$$m_2\ddot{x}_2 - c_2\dot{x}_1 + c_2\dot{x}_2 - k_2 x_1 + k_2 x_2 = 0$$

マトリクスを使用して表すと

$$\begin{bmatrix} m_1 & 0 \\ 0 & m_2 \end{bmatrix}\begin{Bmatrix} \ddot{x}_1 \\ \ddot{x}_2 \end{Bmatrix} + \begin{bmatrix} c_1 + c_2 & -c_2 \\ -c_2 & c_2 \end{bmatrix}\begin{Bmatrix} \dot{x}_1 \\ \dot{x}_2 \end{Bmatrix} + \begin{bmatrix} k_1 + k_2 & -k_2 \\ -k_2 & k_2 \end{bmatrix}\begin{Bmatrix} x_1 \\ x_2 \end{Bmatrix} = 0$$

5.4 影響係数法

はり系のような振動系を扱う場合には，静的荷重と変位の関係を求めることが容易なので，ダランベールの原理を応用して運動方程式を導くと便利な場合がある．質量のないはりに n 個の質点を持つ図 5.20(a) の n 質点系に対し，各質点に静的力 P_i $(i=1,2,\cdots,n)$ が作用するときの静的たわみ x_i を考えると次式のように表される．

$$\left.\begin{aligned} x_1 &= a_{11}P_1 + a_{12}P_2 + \cdots + a_{1n}P_n \\ x_2 &= a_{21}P_1 + a_{22}P_2 + \cdots + a_{2n}P_n \\ &\cdots \\ x_n &= a_{n1}P_1 + a_{n2}P_2 + \cdots + a_{nn}P_n \end{aligned}\right\} \quad (5.65)$$

ここに a_{ij} は**影響係数**と呼ばれ，j 点に単位の力 1 が作用したときの i 点のたわみを表す．相反定理より $a_{ij} = a_{ji}$ が成り立つ．

「質点 m が加速度 $\ddot{x}$ を持って運動しているとき，この質点には $-m\ddot{x}$ なる静的力が作用していると形式的に考えることができる」というダランベールの原理を用いると，この系が振動しているときには図 5.20(b) に示すように

$$P_i = -m_i \ddot{x}_i \quad (5.66)$$

とおくことができ，式 (5.65) から運動方程式は次式のようになる．

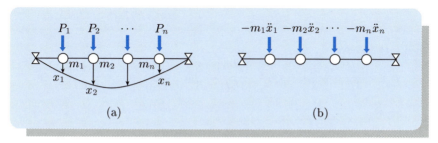

図 5.20　影響係数法

$$\left.\begin{array}{l}x_1 = a_{11}(-m_1\ddot{x}_1) + a_{12}(-m_2\ddot{x}_2) + \cdots + a_{1n}(-m_n\ddot{x}_n) \\ x_2 = a_{21}(-m_1\ddot{x}_1) + a_{22}(-m_2\ddot{x}_2) + \cdots + a_{2n}(-m_n\ddot{x}_n) \\ \cdots \\ x_n = a_{n1}(-m_1\ddot{x}_1) + a_{n2}(-m_2\ddot{x}_2) + \cdots + a_{nn}(-m_n\ddot{x}_n)\end{array}\right\} \quad (5.67)$$

マトリクスを用いて整理すると

$$\begin{Bmatrix} x_1 \\ x_2 \\ \vdots \\ x_n \end{Bmatrix} = - \begin{bmatrix} a_{11} & a_{12} & \cdots & a_{1n} \\ a_{21} & a_{22} & \cdots & a_{2n} \\ \vdots & \vdots & \ddots & \vdots \\ a_{n1} & a_{n2} & \cdots & a_{nn} \end{bmatrix} \begin{bmatrix} m_1 & & & 0 \\ & m_2 & & \\ & & \ddots & \\ 0 & & & m_n \end{bmatrix} \begin{Bmatrix} \ddot{x}_1 \\ \ddot{x}_2 \\ \vdots \\ \ddot{x}_n \end{Bmatrix}$$
(5.68)

これをつぎのようなマトリクスで表す.

$$\{\boldsymbol{x}\} = -[\boldsymbol{A}][\boldsymbol{M}]\{\ddot{\boldsymbol{x}}\} \qquad (5.69)$$

ここに $[\boldsymbol{A}]$ を**影響係数行列**と呼ぶ.

例題 4

図 5.21 に示す 2 自由度系の固有振動数を求めよ.

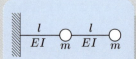

図 5.21 2 つの質点モデルを取り付けた片持ちはりモデル

解答 材料力学より,

$$a_{11} = \frac{l^3}{3EI} = \frac{1}{3}p, \quad a_{22} = \frac{(2l)^3}{3EI} = \frac{8}{3}p, \quad a_{12} = a_{21} = \frac{5}{6}\frac{l^3}{EI} = \frac{5}{6}p$$

ただし, $p = \dfrac{l^3}{EI}$

式 (5.67) から, つぎの運動方程式が導かれる.

$$x_1 = -a_{11}m\ddot{x}_1 - a_{12}m\ddot{x}_2$$

$$x_2 = -a_{21}m\ddot{x}_1 - a_{22}m\ddot{x}_2$$

ここで自由振動解を
$$x_1 = X_1 \cos\omega t, \quad x_2 = X_2 \cos\omega t$$
とおくと，振動数方程式はつぎのようになる．
$$\begin{vmatrix} 1 - a_{11}m\omega^2 & -a_{12}m\omega^2 \\ -a_{21}m\omega^2 & 1 - a_{22}m\omega^2 \end{vmatrix} = 0$$
整理して
$$\frac{7}{36}p^2 m^2 \omega^4 - 3pm\omega^2 + 1 = 0$$
ω^2 について解くと，
$$\omega^2 = \frac{6}{7}(9 \mp \sqrt{74})\frac{1}{pm}$$
よって，1次固有振動数 ω_1，2次固有振動数 ω_2 がつぎのように求められる．
$$\omega_1 = 0.584\frac{1}{l}\sqrt{\frac{EI}{ml}}, \quad \omega_2 = 3.88\frac{1}{l}\sqrt{\frac{EI}{ml}} \quad \blacksquare$$

第5章の問題

☐ **1** 図に示す2自由度系の固有振動数，固有モードを求めよ．ただし，$m = 1.0\,\text{kg}$, $k = 100\,\text{N/m}$ とする．

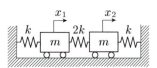

☐ **2** 図において $m = 1\,\text{kg}$, $k = 50\,\text{kN/m}$, $l = 1\,\text{m}$, $h = 0.5\,\text{m}$ のときの固有振動数と固有モードを求めよ．

□**3** 2個の質量 m と $2m$ とが取り付けられている質量のない剛体棒が，図のようにばね支持されている．固有振動数を求めよ．

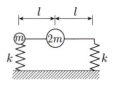

□**4** 図において $m = 1\,\mathrm{kg}$, $J = 1\,\mathrm{kg \cdot m^2}$, $k = 50\,\mathrm{kN/m}$, $r = 0.2\,\mathrm{m}$ のときの固有振動数と固有モードを求めよ．

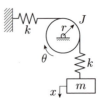

□**5** 図のような不釣り合いを持つモータ系について，m_0：モータ全質量，m：不釣り合い質量，r：不釣り合い半径，M：回転トルク，J：回転子の慣性モーメントとしたとき，モータは上下方向のみに動くとして系の運動方程式を求めよ．$\ddot{\theta} = 0$（角速度 $\dot{\theta} = \omega$ で一定）のときの運動方程式はどのようになるか．

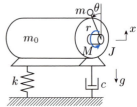

□**6** ばね定数 k のばねで吊り下げられた質量 m_0 の物体に，長さ l，質量 m の均一断面棒の一端が振り子状に取り付けられている．微小振動の運動方程式を求めよ．

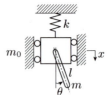

□**7** 図のように，質量のない均一な両端単純支持はりに 2 個の質点が付いた系の固有振動数を求めよ．

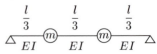

第 6 章
マトリクス振動解析

　第 5 章では 2 自由度系について学んだが，ここではもっと自由度の大きい振動系について考える．この場合にはマトリクスを利用して運動方程式を表し，かつ解析することが便利である．この章ではマトリクスによる多自由度系の振動解析を学び，多自由度系の振動の特徴である固有モードの直交性を説明する．そして運動方程式のモード座標への変換を通して多自由度系の振動の考え方を理解する．

6.1 自由振動

一般的に n 自由度の不減衰振動系の運動方程式はつぎのようにマトリクスの形式で表される．

$$\begin{bmatrix} m_{11} & m_{12} & \cdots & m_{1n} \\ m_{21} & m_{22} & \cdots & m_{2n} \\ \vdots & \vdots & \ddots & \vdots \\ m_{n1} & m_{n2} & \cdots & m_{nn} \end{bmatrix} \begin{Bmatrix} \ddot{x}_1 \\ \ddot{x}_2 \\ \vdots \\ \ddot{x}_n \end{Bmatrix} + \begin{bmatrix} k_{11} & k_{12} & \cdots & k_{1n} \\ k_{21} & k_{22} & \cdots & k_{2n} \\ \vdots & \vdots & \ddots & \vdots \\ k_{n1} & k_{n2} & \cdots & k_{nn} \end{bmatrix} \begin{Bmatrix} x_1 \\ x_2 \\ \vdots \\ x_n \end{Bmatrix} = 0 \tag{6.1}$$

マトリクスの記号を用いて式 (6.1) をつぎのように表す．

$$[M]\{\ddot{x}\} + [K]\{x\} = 0 \tag{6.2}$$

ここに

$\{x\}$ を変位ベクトル

$[M]$ を**質量マトリクス** (mass matrix)

$[K]$ を**剛性マトリクス** (stiffness matrix)

と呼ぶ．質量マトリクスと剛性マトリクスは一般に対称マトリクスになる．

たとえば，5.1 節で求めた 2 自由度ばね質量系の運動方程式 (5.2) をマトリクスを用いて表すと，

$$\begin{bmatrix} m_1 & 0 \\ 0 & m_2 \end{bmatrix} \begin{Bmatrix} \ddot{x}_1 \\ \ddot{x}_2 \end{Bmatrix} + \begin{bmatrix} k_1 + k_2 & -k_2 \\ -k_2 & k_2 + k_3 \end{bmatrix} \begin{Bmatrix} x_1 \\ x_2 \end{Bmatrix} = 0 \tag{6.3}$$

同じく車体系の運動方程式 (5.17) では

$$\begin{bmatrix} m_1 & 0 \\ 0 & J_G \end{bmatrix} \begin{Bmatrix} \ddot{x} \\ \ddot{\theta} \end{Bmatrix} + \begin{bmatrix} k_1 + k_2 & -(k_1 l_1 - k_2 l_2) \\ -(k_1 l_1 - k_2 l_2) & k_1 l_1^2 + k_2 l_2^2 \end{bmatrix} \begin{Bmatrix} x \\ \theta \end{Bmatrix} = 0 \tag{6.4}$$

影響係数を使用して求めたはり系の運動方程式 (5.69) を，左から $[A]^{-1}$ を掛けて書き直すと，

$$[M]\{\ddot{x}\} + [A]^{-1}\{x\} = 0 \tag{6.5}$$

これらのことから式 (6.2) の形になることがわかる．式 (6.2) と式 (6.5) から影響係数行列の逆マトリクスは剛性マトリクスになることもわかる．

式 (6.2) の自由振動解を求めるとき，その解をつぎのようにおく．

$$\{x\} = \{X\}e^{j\omega t} \quad \text{または} \quad \{x\} = \{X\}\cos\omega t \tag{6.6}$$

ここに，

$$\{X\} = \{X_1, X_2, \ldots, X_n\}^T : 振幅ベクトル$$

式 (6.6) を式 (6.2) に代入すると次式を得る．

$$([K] - \omega^2 [M])\{X\} = 0 \tag{6.7}$$

式 (6.7) が $\{X\} \neq 0$ の解を持つためには，つぎのように係数行列式の値がゼロでなければならない．

$$|[K] - \omega^2 [M]| = 0 \tag{6.8}$$

これが多自由度系の固有振動数を求めるための**振動数方程式**であり，ω について解くことにより n 次までの固有振動数が求められる．そのときの式 (6.7) を満たす n 個の $\{X\}$ が**固有モード**になる．

式 (6.7) はつぎのようにも表される．

$$[K]\{X\} = \omega^2 [M]\{X\} \tag{6.9}$$

線形代数学においてはこの種の問題のことを**固有値問題**と呼び，式 (6.9) を満たす ω^2 を**固有値** (eigen value)，そのときの式 (6.9) を解いて得られる $\{X\}$ を**固有ベクトル** (eigen vector) といっている．固有値と固有ベクトルを求める固有値問題は，べき乗法，逆反復法，ヤコビ法，QR 法などの数値計算手法を用い，コンピュータによって解くことができる．

6.2 固有モードの直交性

r 次の固有振動数を ω_r, 固有モードを $\{\boldsymbol{X}^{(r)}\}$, s 次の固有振動数を ω_s, 固有モードを $\{\boldsymbol{X}^{(s)}\}$ とすると, 式 (6.9) から次式が成立する.

$$[\boldsymbol{K}]\{\boldsymbol{X}^{(r)}\} = \omega_r^2 [\boldsymbol{M}]\{\boldsymbol{X}^{(r)}\} \tag{6.10}$$

$$[\boldsymbol{K}]\{\boldsymbol{X}^{(s)}\} = \omega_s^2 [\boldsymbol{M}]\{\boldsymbol{X}^{(s)}\} \tag{6.11}$$

式 (6.10) の左から $\{\boldsymbol{X}^{(s)}\}$ を転置したもの, すなわち $\{\boldsymbol{X}^{(s)}\}^T$, 同様に式 (6.11) の左から $\{\boldsymbol{X}^{(r)}\}^T$ をかけると,

$$\{\boldsymbol{X}^{(s)}\}^T [\boldsymbol{K}]\{\boldsymbol{X}^{(r)}\} = \omega_r^2 \{\boldsymbol{X}^{(s)}\}^T [\boldsymbol{M}]\{\boldsymbol{X}^{(r)}\} \tag{6.12}$$

$$\{\boldsymbol{X}^{(r)}\}^T [\boldsymbol{K}]\{\boldsymbol{X}^{(s)}\} = \omega_s^2 \{\boldsymbol{X}^{(r)}\}^T [\boldsymbol{M}]\{\boldsymbol{X}^{(s)}\} \tag{6.13}$$

式 (6.13) の両辺を転置して,

$$\{\boldsymbol{X}^{(s)}\}^T [\boldsymbol{K}]\{\boldsymbol{X}^{(r)}\} = \omega_s^2 \{\boldsymbol{X}^{(s)}\}^T [\boldsymbol{M}]\{\boldsymbol{X}^{(r)}\} \tag{6.14}$$

式 (6.14) においては質量マトリクスおよび剛性マトリクスの対称性, すなわち $[\boldsymbol{M}] = [\boldsymbol{M}]^T$, $[\boldsymbol{K}] = [\boldsymbol{K}]^T$ が利用されている. 式 (6.12) から式 (6.14) を引いて左辺と右辺を入れかえると次式が得られる.

$$(\omega_r^2 - \omega_s^2)\{\boldsymbol{X}^{(s)}\}^T [\boldsymbol{M}]\{\boldsymbol{X}^{(r)}\} = 0 \tag{6.15}$$

$r \neq s$ のとき $\omega_r^2 \neq \omega_s^2$ であるから,

$$\{\boldsymbol{X}^{(s)}\}^T [\boldsymbol{M}]\{\boldsymbol{X}^{(r)}\} = 0 \tag{6.16}$$

また式 (6.16) と式 (6.12) から,

$$\{\boldsymbol{X}^{(s)}\}^T [\boldsymbol{K}]\{\boldsymbol{X}^{(r)}\} = 0 \tag{6.17}$$

式 (6.16) および式 (6.17) の関係のように, 異なる固有モードを質量マトリクスまたは剛性マトリクスを介して掛け合わせるとゼロになることを**固有モードの直交性**と呼ぶ.

一方, $r = s$ のとき,

$$\{\boldsymbol{X}^{(r)}\}^T [\boldsymbol{M}]\{\boldsymbol{X}^{(r)}\} = \overline{m}_r \tag{6.18}$$

$$\{\boldsymbol{X}^{(r)}\}^T [\boldsymbol{K}]\{\boldsymbol{X}^{(r)}\} = \overline{k}_r \tag{6.19}$$

になり，$\overline{m}_r, \overline{k}_r$ をそれぞれ r 次の**モード質量** (modal mass)，**モード剛性** (modal stifness) という．式 (6.12) から次式の関係が成り立つ．

$$\overline{k}_r = \omega_r^2 \overline{m}_r \tag{6.20}$$

---**例題 1**---

図 6.1 の 3 自由度系の固有振動数と固有モードを求め，固有モードの直交性を確かめよ．

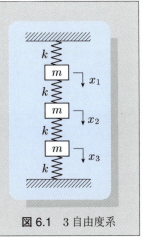

図 6.1 3 自由度系

解答 運動方程式はつぎのようになる．

$$m\ddot{x}_1 + 2kx_1 - kx_2 = 0$$
$$m\ddot{x}_2 - kx_1 + 2kx_2 - kx_3 = 0$$
$$m\ddot{x}_3 - kx_2 + 2kx_3 = 0$$

マトリクスを用いて表すと，

$$m\begin{bmatrix} 1 & 0 & 0 \\ 0 & 1 & 0 \\ 0 & 0 & 1 \end{bmatrix}\begin{Bmatrix} \ddot{x}_1 \\ \ddot{x}_2 \\ \ddot{x}_3 \end{Bmatrix} + k\begin{bmatrix} 2 & -1 & 0 \\ -1 & 2 & -1 \\ 0 & -1 & 2 \end{bmatrix}\begin{Bmatrix} x_1 \\ x_2 \\ x_3 \end{Bmatrix} = 0$$

式 (6.6) を代入するとつぎのようになる．

$$\begin{bmatrix} 2k-m\omega^2 & -k & 0 \\ -k & 2k-m\omega^2 & -k \\ 0 & -k & 2k-m\omega^2 \end{bmatrix}\begin{Bmatrix} X_1 \\ X_2 \\ X_3 \end{Bmatrix} = 0 \tag{1}$$

式 (1) の係数行列式の値がゼロという条件からつぎの振動数方程式が導かれる．

$$(m\omega^2 - 2k)\left\{(m\omega^2 - 2k)^2 - 2k^2\right\} = 0$$

固有振動数 ω の 2 乗について解くと，

$$\omega^2 = 2k/m, \quad (2 \pm \sqrt{2})k/m$$

したがって，

    1 次固有振動数：$0.765\sqrt{k/m}$

    2 次固有振動数：$1.41\sqrt{k/m}$

    3 次固有振動数：$1.85\sqrt{k/m}$

1 次固有モードは $\omega^2 = (2 - \sqrt{2})k/m$ を式 (1) に代入して，

$$\begin{bmatrix} \sqrt{2} & -1 & 0 \\ -1 & \sqrt{2} & -1 \\ 0 & -1 & \sqrt{2} \end{bmatrix} \begin{Bmatrix} X_1^{(1)} \\ X_2^{(1)} \\ X_3^{(1)} \end{Bmatrix} = 0$$

X_1 を基準として，すなわち $X_1^{(1)} = 1$ とおいて解くことにより，

$$\begin{Bmatrix} X_1^{(1)} \\ X_2^{(1)} \\ X_3^{(1)} \end{Bmatrix} = \begin{Bmatrix} 1 \\ \sqrt{2} \\ 1 \end{Bmatrix}$$

2 次固有モードは $\omega^2 = 2k/m$ として同様に，

$$\begin{bmatrix} 0 & -1 & 0 \\ -1 & 0 & -1 \\ 0 & -1 & 0 \end{bmatrix} \begin{Bmatrix} X_1^{(2)} \\ X_2^{(2)} \\ X_3^{(2)} \end{Bmatrix} = 0 \quad \therefore \quad \begin{Bmatrix} X_1^{(2)} \\ X_2^{(2)} \\ X_3^{(2)} \end{Bmatrix} = \begin{Bmatrix} 1 \\ 0 \\ -1 \end{Bmatrix}$$

3 次固有モードは $\omega^2 = (2 + \sqrt{2})k/m$ として同様に，

$$\begin{bmatrix} -\sqrt{2} & -1 & 0 \\ -1 & -\sqrt{2} & -1 \\ 0 & -1 & -\sqrt{2} \end{bmatrix} \begin{Bmatrix} X_1^{(3)} \\ X_2^{(3)} \\ X_3^{(3)} \end{Bmatrix} = 0 \quad \therefore \quad \begin{Bmatrix} X_1^{(3)} \\ X_2^{(3)} \\ X_3^{(3)} \end{Bmatrix} = \begin{Bmatrix} 1 \\ -\sqrt{2} \\ 1 \end{Bmatrix}$$

以上において求められた固有モードを図 6.2 に示す．

  1 次固有モードと 2 次固有モードを質量マトリクスを介して掛けると，

6.2 固有モードの直交性

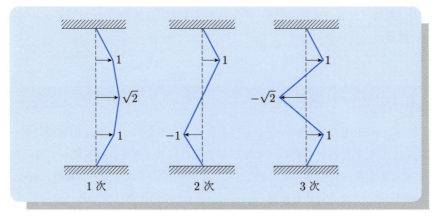

図 6.2 3 自由度系の固有モード

$$m\begin{Bmatrix} 1 & \sqrt{2} & 1 \end{Bmatrix}\begin{bmatrix} 1 & 0 & 0 \\ 0 & 1 & 0 \\ 0 & 0 & 1 \end{bmatrix}\begin{Bmatrix} 1 \\ 0 \\ -1 \end{Bmatrix} = 0$$

同様に 1 次固有モードと 3 次固有モードから,

$$m\begin{Bmatrix} 1 & \sqrt{2} & 1 \end{Bmatrix}\begin{bmatrix} 1 & 0 & 0 \\ 0 & 1 & 0 \\ 0 & 0 & 1 \end{bmatrix}\begin{Bmatrix} 1 \\ -\sqrt{2} \\ 1 \end{Bmatrix} = 0$$

2 次固有モードと 3 次固有モードから,

$$m\begin{Bmatrix} 1 & 0 & -1 \end{Bmatrix}\begin{bmatrix} 1 & 0 & 0 \\ 0 & 1 & 0 \\ 0 & 0 & 1 \end{bmatrix}\begin{Bmatrix} 1 \\ -\sqrt{2} \\ 1 \end{Bmatrix} = 0$$

以上から固有モードの直交性が示される.剛性マトリクスを介しても同様の結果が得られる. ◻

固有モードは各点の振幅比を表しているので,以下のように正規化して表示する場合がある.
(1) 例題 1 で示したように,任意の点の振幅を 1 にする.
(2) 式 (6.18) に示したモード質量 $\overline{m}_r$ が 1 になるようにする.

(3) 固有モードの大きさが 1, すなわち $\{X^{(r)}\}^T\{X^{(r)}\} = 1$ になるようにする.

6.3 モード座標

固有モードの直交性が成立することから，任意のベクトルを固有モードを使用して表すことができる．すなわち任意のベクトルを，固有モードを座標とする座標系へ変換することができる．この座標のことを**モード座標** (modal coordinate)，または**正規座標** (normal coordinate) と呼んでいる．

式 (6.1) の変位ベクトルを，固有モードを使用して表すとつぎのようになる．

$$\begin{Bmatrix} x_1 \\ x_2 \\ \vdots \\ x_n \end{Bmatrix} = \xi_1 \begin{Bmatrix} X_1^{(1)} \\ X_2^{(1)} \\ \vdots \\ X_n^{(1)} \end{Bmatrix} + \xi_2 \begin{Bmatrix} X_1^{(2)} \\ X_2^{(2)} \\ \vdots \\ X_n^{(2)} \end{Bmatrix} + \cdots + \xi_n \begin{Bmatrix} X_1^{(n)} \\ X_2^{(n)} \\ \vdots \\ X_n^{(n)} \end{Bmatrix}$$

$$= \begin{bmatrix} \begin{Bmatrix} X_1^{(1)} \\ X_2^{(1)} \\ \vdots \\ X_n^{(1)} \end{Bmatrix} \begin{Bmatrix} X_1^{(2)} \\ X_2^{(2)} \\ \vdots \\ X_n^{(2)} \end{Bmatrix} \cdots \begin{Bmatrix} X_1^{(n)} \\ X_2^{(n)} \\ \vdots \\ X_n^{(n)} \end{Bmatrix} \end{bmatrix} \begin{Bmatrix} \xi_1 \\ \xi_2 \\ \vdots \\ \xi_n \end{Bmatrix} \quad (6.21)$$

式 (6.21) をマトリクス表示してつぎのように表す．

$$\{x\} = [X]\{\xi\} \quad (6.22)$$

ここに $[X]$ を**モード行列**という．このように物理座標における変位 $\{x\}$ は，モード行列によりモード座標上のベクトル $\{\xi\}$ に変換することができる．ここに $\{\xi\}$ の成分 ξ_r は，ベクトル $\{X^{(r)}\}$ の成分の大きさ，すなわち r 次モード成分の大きさを示す．一方，式 (6.21) は $\sum$ の記号を使ってつぎのように表すこともできる．

$$\{x\} = \sum_{r=1}^{n} \{X^{(r)}\}\xi_r \quad (6.23)$$

運動方程式 (6.2) をモード座標へ変換するために，式 (6.2) に式 (6.22) を代入

6.3 モード座標

し，その両辺に左から $[X]^T$ を掛けると次式になる．

$$[X]^T[M][X]\{\ddot{\xi}\} + [X]^T[K][X]\{\xi\} = 0 \tag{6.24}$$

ここで固有モードの直交性を考慮すると，$[X]^T[M][X]$ と $[X]^T[K][X]$ は対角行列になり，式 (6.24) はつぎのように表せる．

$$\begin{bmatrix} \overline{m}_1 & & & 0 \\ & \overline{m}_2 & & \\ & & \ddots & \\ 0 & & & \overline{m}_n \end{bmatrix}\{\ddot{\xi}\} + \begin{bmatrix} \overline{k}_1 & & & 0 \\ & \overline{k}_2 & & \\ & & \ddots & \\ 0 & & & \overline{k}_n \end{bmatrix}\{\xi\} = 0 \tag{6.25}$$

ただし，$\overline{m}_r$ と $\overline{k}_r$ は式 (6.18) と式 (6.19) によるモード質量，モード剛性である．式 (6.25) を書き直すと，つぎのように非連成の n 個の運動方程式が得られる．

$$\left.\begin{aligned} \overline{m}_1\ddot{\xi}_1 + \overline{k}_1\xi_1 &= 0 \\ \overline{m}_2\ddot{\xi}_2 + \overline{k}_2\xi_2 &= 0 \\ &\cdots \\ \overline{m}_n\ddot{\xi}_n + \overline{k}_n\xi_n &= 0 \end{aligned}\right\} \tag{6.26}$$

モード座標におけるそれぞれの運動方程式は1自由度系の運動方程式と同じ形になり，したがって1つのモードについて考える場合には1自由度系の考え方を適用することができる．式 (6.26) の各運動方程式はモードに対する運動方程式と考えてもよい．いま，1自由度系の自由振動解を参考にし，r 次のモードについて解くと，

$$\left.\begin{aligned} \xi_r &= A_r\cos\omega_r t + B_r\sin\omega_r t \\ \because \omega_r &= \sqrt{\overline{k}_r/\overline{m}_r} \end{aligned}\right\} \tag{6.27}$$

ここに，ω_r は r 次の固有振動数，A_r, B_r は初期条件から決定される定数である．初期変位を $\{x_0\}$，初期速度を $\{v_0\}$ とすると，式 (6.22) と式 (6.27) より，

$$\{\boldsymbol{x}_0\} = [\boldsymbol{X}]\{\boldsymbol{A}\} \tag{6.28}$$

$$\{\boldsymbol{v}_0\} = [\boldsymbol{X}]\begin{bmatrix} \omega_1 & & 0 \\ & \ddots & \\ 0 & & \omega_n \end{bmatrix}\{\boldsymbol{B}\} \tag{6.29}$$

ただし，

$$\{\boldsymbol{A}\} = \{A_1, A_2, \ldots, A_n\}^T, \quad \{\boldsymbol{B}\} = \{B_1, B_2, \ldots, B_n\}^T \tag{6.30}$$

よって，式 (6.28) と式 (6.29) から，

$$\{\boldsymbol{A}\} = [\boldsymbol{X}]^{-1}\{\boldsymbol{x}_0\} \tag{6.31}$$

$$\{\boldsymbol{B}\} = \begin{bmatrix} 1/\omega_1 & & 0 \\ & \ddots & \\ 0 & & 1/\omega_n \end{bmatrix}[\boldsymbol{X}]^{-1}\{\boldsymbol{v}_0\} \tag{6.32}$$

となり，定数ベクトル $\{\boldsymbol{A}\}$，$\{\boldsymbol{B}\}$ が決定される．ここで式 (6.27) を式 (6.23) へ代入すると，初期条件を考慮したつぎの自由振動解が得られる．

$$\{\boldsymbol{x}\} = \sum_{r=1}^{n} \{\boldsymbol{X}^{(r)}\}(A_r \cos \omega_r t + B_r \sin \omega_r t) \tag{6.33}$$

例題 2

例題 1 の系において初期変位 $x_1 = 4$, $x_2 = x_3 = 0$，初期速度 $\dot{x}_1 = \dot{x}_2 = \dot{x}_3 = 0$ のときの自由振動応答を求めよ．

解答 例題 1 の解答よりモード行列はつぎのようになる．

$$[\boldsymbol{X}] = \begin{bmatrix} 1 & 1 & 1 \\ \sqrt{2} & 0 & -\sqrt{2} \\ 1 & -1 & 1 \end{bmatrix}$$

初期変位の条件から，

$$\begin{bmatrix} 1 & 1 & 1 \\ \sqrt{2} & 0 & -\sqrt{2} \\ 1 & -1 & 1 \end{bmatrix}\begin{Bmatrix} A_1 \\ A_2 \\ A_3 \end{Bmatrix} = \begin{Bmatrix} 4 \\ 0 \\ 0 \end{Bmatrix} \quad \therefore \quad \begin{Bmatrix} A_1 \\ A_2 \\ A_3 \end{Bmatrix} = \begin{Bmatrix} 1 \\ 2 \\ 1 \end{Bmatrix}$$

初期速度の条件から，$B_1 = B_2 = B_3 = 0$．よって，

$$\begin{Bmatrix} x_1 \\ x_2 \\ x_3 \end{Bmatrix} = \begin{Bmatrix} 1 \\ \sqrt{2} \\ 1 \end{Bmatrix} \cos\omega_1 t + 2 \begin{Bmatrix} 1 \\ 0 \\ -1 \end{Bmatrix} \cos\omega_2 t + \begin{Bmatrix} 1 \\ -\sqrt{2} \\ 1 \end{Bmatrix} \cos\omega_3 t \quad \square$$

6.4 強制振動

自由振動の一般的な運動方程式を式 (6.1) に示したが，強制振動の場合には右辺に強制外力項を考慮すればよい．マトリクスを用いて強制振動の運動方程式を一般化すると次式になる．

$$\begin{bmatrix} m_{11} & m_{12} & \cdots & m_{1n} \\ m_{21} & m_{22} & \cdots & m_{2n} \\ \vdots & \vdots & \ddots & \vdots \\ m_{n1} & m_{n2} & \cdots & m_{nn} \end{bmatrix} \begin{Bmatrix} \ddot{x}_1 \\ \ddot{x}_2 \\ \vdots \\ \ddot{x}_n \end{Bmatrix} + \begin{bmatrix} k_{11} & k_{12} & \cdots & k_{1n} \\ k_{21} & k_{22} & \cdots & k_{2n} \\ \vdots & \vdots & \ddots & \vdots \\ k_{n1} & k_{n2} & \cdots & k_{nn} \end{bmatrix} \begin{Bmatrix} x_1 \\ x_2 \\ \vdots \\ x_n \end{Bmatrix} = \begin{Bmatrix} f_1(t) \\ f_2(t) \\ \vdots \\ f_n(t) \end{Bmatrix}$$
(6.34)

$f_i(t)$ が非周期的な外力の場合には，式 (6.34) を解析的に解くことは困難である．このような場合には数値積分法を利用して，計算機によって解を求めることが広く行われている．その数値計算手法としては，ルンゲ・クッタ法，ニューマークの β 法などが用いられる．

$f_i(t)$ が周期外力の場合，$f_i(t)$ をフーリエ級数展開して各振動数成分の応答を求め，それらを重ね合わせることにより最終的な応答が得られる．そのもっとも簡単な場合として，以下では調和外力の場合を扱う．この運動方程式をつぎのようにマトリクス表示する．

$$[M]\{\ddot{x}\} + [K]\{x\} = \{F\}\cos\omega t \quad (6.35)$$

ただし，

$$\{F\} = \{F_1, F_2, \ldots, F_n\}^T \quad (6.36)$$

$\{F\}$ は調和外力の振幅ベクトルを表す．式 (6.35) の解はつぎのような形になる．

$$\{x\} = \{X\}\cos\omega t \tag{6.37}$$

式 (6.37) を式 (6.35) へ代入し整理すると，次式を得る．

$$([K] - \omega^2 [M])\{X\} = \{F\} \tag{6.38}$$

式 (6.38) は $\{X\}$ に関する連立一次方程式であり，任意の ω に対して逐次 $\{X\}$ を計算するならば，各点の加振振動数に対する応答曲線を求めることができる．連立一次方程式を解く数値計算手法としてはガウスの消去法が用いられることが多い．ただし式 (6.38) をみただけでは共振などの振動特性の見通しが悪く，振動を定性的に論じることは難しい．

6.5 モード座標を利用した強制振動

強制振動の物理座標における運動方程式 (6.35) をモード座標へ変換することにより，振動特性のわかる強制振動解を数式的に得ることができる．6.3 節のように式 (6.22) を式 (6.35) に代入し，その両辺に左から $[X]^T$ を掛けると次式を得る．

$$[X]^T[M][X]\{\ddot{\xi}\} + [X]^T[K][X]\{\xi\} = [X]^T\{F\}\cos\omega t \tag{6.39}$$

ここで固有モードの直交性，および式 (6.18) と式 (6.19) を利用すると，

$$\begin{bmatrix} \overline{m}_1 & & & 0 \\ & \overline{m}_2 & & \\ & & \ddots & \\ 0 & & & \overline{m}_n \end{bmatrix}\{\ddot{\xi}\} + \begin{bmatrix} \overline{k}_1 & & & 0 \\ & \overline{k}_2 & & \\ & & \ddots & \\ 0 & & & \overline{k}_n \end{bmatrix}\{\xi\} = \begin{Bmatrix} \overline{F}_1 \\ \overline{F}_2 \\ \vdots \\ \overline{F}_n \end{Bmatrix}\cos\omega t \tag{6.40}$$

ここに，

$$\left\{\overline{F}_1 \quad \overline{F}_2 \quad \cdots \quad \overline{F}_n\right\}^T = [X]^T\{F\} \tag{6.41}$$

式 (6.40) を書き直すとつぎのようになる．

6.5 モード座標を利用した強制振動

$$\left.\begin{array}{c}\overline{m}_1\ddot{\xi}_1 + \overline{k}_1\xi_1 = \overline{F}_1\cos\omega t \\ \overline{m}_2\ddot{\xi}_2 + \overline{k}_2\xi_2 = \overline{F}_2\cos\omega t \\ \cdots \\ \overline{m}_n\ddot{\xi}_n + \overline{k}_n\xi_n = \overline{F}_n\cos\omega t\end{array}\right\} \quad (6.42)$$

式 (6.42) は各モード成分の大きさに関する強制振動の運動方程式である．自由振動の場合と同じように非連成の運動方程式になることから，不減衰の強制振動においてもモード間の連成がないことがわかる．そして各運動方程式は1自由度系の運動方程式に一致する．右辺の $\overline{F}_r$ ($r = 1, 2, \cdots, n$) は，加振力の中で r 次モードだけを励振するような成分の大きさを意味する．強制振動の場合にも1つのモードについて考えるときには1自由度系と同じように考えることができる．

1自由度系の強制振動解を参考にすると，r 次モードの強制振動解はつぎのようになる．

$$\xi_r = \frac{\overline{F}_r}{\overline{k}_r - \overline{m}_r\omega^2}\cos\omega t = \frac{\overline{F}_r}{\overline{m}_r(\omega_r^2 - \omega^2)}\cos\omega t \quad (6.43)$$

式 (6.43) と式 (6.23) から変位応答 $\{\boldsymbol{x}\}$ はつぎのようになる．

$$\{\boldsymbol{x}\} = \sum_{r=1}^{n}\{\boldsymbol{X}^{(r)}\}\frac{\overline{F}_r}{\overline{m}_r(\omega_r^2 - \omega^2)}\cos\omega t \quad (6.44)$$

ここで j 点のみに調和外力 $F_j\cos\omega t$ が作用する場合を考えると，式 (6.41) から，

$$\begin{Bmatrix}\overline{F}_1 \\ \vdots \\ \overline{F}_n\end{Bmatrix} = F_j\begin{Bmatrix}X_j^{(1)} \\ \vdots \\ X_j^{(n)}\end{Bmatrix} \quad (6.45)$$

$X_j^{(r)}$ は r 次モードにおける j 点の振幅を表す．このときの i 点における変位応答 x_i は，

$$x_i = \sum_{r=1}^{n}\frac{F_j X_i^{(r)} X_j^{(r)}}{\overline{m}_r(\omega_r^2 - \omega^2)}\cos\omega t \quad (6.46)$$

したがって i 点における応答曲線は各モードの i 点における応答を加え合わせたものになる．i 点の応答を $x_i = X_i\cos\omega t$ で表すと，式 (6.46) から，

$$\left.\begin{aligned} X_i &= G_{ij}F_j \\ G_{ij} &= \sum_{r=1}^{n} \frac{X_i^{(r)} X_j^{(r)}}{\overline{m}_r(\omega_r^2 - \omega^2)} \end{aligned}\right\} \quad (6.47)$$

ここに G_{ij} は j 点に作用する加振力と i 点の応答を関係付ける関数で, **伝達関数** (transfer function) と呼ばれる. 加振力を入力, 応答を出力と考えれば, 制御工学における周波数伝達関数と同じ意味を持つ. この場合には加振力と変位応答に関する伝達関数であり, 4.9.2 項で述べたようにコンプライアンスと呼ぶ. これを利用すると, 各点に加振力 $F_1\cos\omega t, \cdots, F_n\cos\omega t$ が作用するときの応答 $\{X\}$ は, 式 (6.47) から次式のようになる.

$$\begin{Bmatrix} X_1 \\ X_2 \\ \vdots \\ X_n \end{Bmatrix} = \begin{bmatrix} G_{11} & G_{12} & \cdots & G_{1n} \\ G_{21} & G_{22} & & \vdots \\ \vdots & & \ddots & \vdots \\ G_{n1} & \cdots & \cdots & G_{nn} \end{bmatrix} \begin{Bmatrix} F_1 \\ F_2 \\ \vdots \\ F_n \end{Bmatrix} \quad (6.48)$$

式 (6.46) に $\omega_r = \sqrt{\overline{k}_r/\overline{m}_r}$ を代入して分母分子を $X_i^{(r)} X_j^{(r)}$ で割ると, $\sum$ 内の式は 1 自由度系の強制振動解と同じような式になる.

$$x_i = \sum_{r=1}^{n} \frac{F_j}{\overline{K}_{ij}^{(r)} - \overline{M}_{ij}^{(r)} \omega^2} \cos\omega t \quad (6.49)$$

ここに,

$$\overline{M}_{ij}^{(r)} = \frac{\overline{m}_r}{X_i^{(r)} X_j^{(r)}}, \quad \overline{K}_{ij}^{(r)} = \frac{\overline{k}_r}{X_i^{(r)} X_j^{(r)}} \quad (6.50)$$

$\overline{M}_{ij}^{(r)}$ を**等価質量**, $\overline{K}_{ij}^{(r)}$ を**等価剛性**という. これらはそれぞれ r 次モードで振動するときの i 点と j 点間の等価 1 自由度系の質量および剛性を表し, モード質量とモード剛性とは異なり一意的に定まる値である.

6.5 モード座標を利用した強制振動

例題 3

例題 1 の系について，$\overline{m}_r, \overline{k}_r, \overline{M}_{ij}^{(r)}, \overline{K}_{ij}^{(r)}$ を求めよ．

解答 例題 1 の解答の 1 次，2 次，3 次固有モードの結果からモード質量は，

$$\overline{m}_1 = m \begin{Bmatrix} 1 & \sqrt{2} & 1 \end{Bmatrix} \begin{bmatrix} 1 & 0 & 0 \\ 0 & 1 & 0 \\ 0 & 0 & 1 \end{bmatrix} \begin{Bmatrix} 1 \\ \sqrt{2} \\ 1 \end{Bmatrix} = 4m$$

$$\overline{m}_2 = m \begin{Bmatrix} 1 & 0 & -1 \end{Bmatrix} \begin{bmatrix} 1 & 0 & 0 \\ 0 & 1 & 0 \\ 0 & 0 & 1 \end{bmatrix} \begin{Bmatrix} 1 \\ 0 \\ -1 \end{Bmatrix} = 2m$$

$$\overline{m}_3 = m \begin{Bmatrix} 1 & -\sqrt{2} & 1 \end{Bmatrix} \begin{bmatrix} 1 & 0 & 0 \\ 0 & 1 & 0 \\ 0 & 0 & 1 \end{bmatrix} \begin{Bmatrix} 1 \\ -\sqrt{2} \\ 1 \end{Bmatrix} = 4m$$

モード剛性は式 (6.20) を利用して，

$$\overline{k}_1 = (8 - 4\sqrt{2})k = 2.34k$$
$$\overline{k}_2 = 4k$$
$$\overline{k}_3 = (8 + 4\sqrt{2})k = 13.7k$$

等価質量はつぎのようになる．

$$\left[\overline{M}_{ij}^{(1)}\right] = m \begin{bmatrix} 4 & 2.83 & 4 \\ 2.83 & 2 & 2.83 \\ 4 & 2.83 & 4 \end{bmatrix}$$

$$\left[\overline{M}_{ij}^{(2)}\right] = m \begin{bmatrix} 2 & \infty & -2 \\ \infty & \infty & \infty \\ -2 & \infty & 2 \end{bmatrix}$$

$$\left[\overline{M}_{ij}^{(3)}\right] = m \begin{bmatrix} 4 & -2.83 & 4 \\ -2.83 & 2 & -2.83 \\ 4 & -2.83 & 4 \end{bmatrix}$$

等価剛性は上の結果を利用して，$\overline{K}_{ij}^{(r)} = \omega_r^2 \overline{M}_{ij}^{(r)}$ から求められる．

$$\left[\overline{K}_{ij}^{(1)}\right] = k \begin{bmatrix} 2.34 & 1.66 & 2.34 \\ 1.66 & 1.17 & 1.66 \\ 2.34 & 1.66 & 2.34 \end{bmatrix}$$

$$\left[\overline{K}_{ij}^{(2)}\right] = k \begin{bmatrix} 4 & \infty & -4 \\ \infty & \infty & \infty \\ -4 & \infty & 4 \end{bmatrix}$$

$$\left[\overline{K}_{ij}^{(3)}\right] = k \begin{bmatrix} 13.7 & -9.66 & 13.7 \\ -9.66 & 6.83 & -9.66 \\ 13.7 & -9.66 & 13.7 \end{bmatrix}$$

2次モードの点2に関する等価質量と等価剛性が無限大になっているのは，2次モードにおいてx_2の変位がゼロになるためである． ■

例題1の系の一番上の質量のみに調和外力が作用するとき，すなわち$F_2 = F_3 = 0$のときの応答を求める．式(6.48)から$X_i = G_{i1}F_1$となるので式(6.49)から，

$$x_i = \sum_{r=1}^{3} \frac{F_1}{\overline{K}_{i1}^{(r)} - \overline{M}_{i1}^{(r)}\omega^2} \cos\omega t \qquad (6.51)$$

各点の応答は1次，2次，3次モードに関する応答を重ね合わせたものになる．等価質量と等価剛性を代入して右辺の分母分子をkで割り，

$$\delta_0 = \frac{F_1}{k}, \quad \Omega = \frac{\omega}{\sqrt{k/m}}$$

とすると，x_1, x_2, x_3はつぎのようになる．

$$\frac{x_1}{\delta_0} = \left(\frac{1}{2.34 - 4\Omega^2} + \frac{1}{4 - 2\Omega^2} + \frac{1}{13.7 - 4\Omega^2}\right)\cos\omega t \qquad (6.52)$$

$$\frac{x_2}{\delta_0} = \left(\frac{1}{1.66 - 2.83\Omega^2} - \frac{1}{9.66 - 2.83\Omega^2}\right)\cos\omega t \qquad (6.53)$$

$$\frac{x_3}{\delta_0} = \left(\frac{1}{2.34 - 4\Omega^2} - \frac{1}{4 - 2\Omega^2} + \frac{1}{13.7 - 4\Omega^2}\right)\cos\omega t \qquad (6.54)$$

x_2の応答では2次モードの変位がゼロなので，1次と3次モードの重ね合わせになる．各モードに関する応答を重ね合わせて描いた各点の振幅応答曲線を図

6.5 モード座標を利用した強制振動

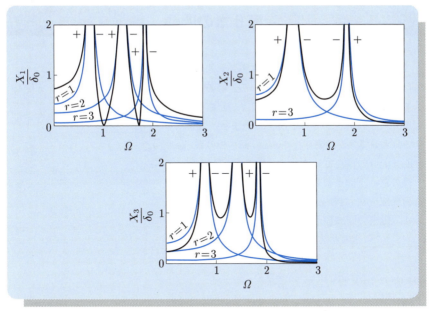

図 6.3 応答曲線

6.3 に示す．図中の + − の記号は式 (6.52)，式 (6.53)，式 (6.54) の各右辺の振幅の符号を示している．黒色の曲線は 1 次から 3 次モードの振幅を，符号を考慮して足し合わせたものである．この図から r 次の固有振動数付近の応答は，他のモードの振幅が小さいので r 次モードの応答についてのみ考えてもよいことがわかる．

第6章の問題

□**1** 右図のように質量 $3m$ の剛体棒の両端がばね定数 k のばねで支持されている．棒の重心 G は棒の左端から $2l$，右端から l の距離にあり，その重心上に質量 m とばね k からなるばね質量系が設置されている．剛体棒の重心まわりの慣性モーメント J を $5ml^2$ とし，棒の重心下向きの変位を x_1，重心まわりの角変位を θ，質量 m の下向き変位を x_2 で表す．以下の問に答えよ．

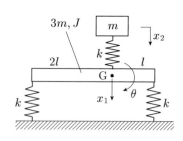

(1) この系の運動方程式を導け．
(2) この系の固有振動数を求めよ．
(3) この系の固有モードを求めよ．

□**2** 図に示す3自由度系について以下の問に答えよ．

(1) x_1, x_2, x_3 についての運動方程式を示せ．
(2) この系の固有振動数を求めよ．
(3) 固有モードを求めよ．
(4) 初期変位 $x_1 = 2$，$x_2 = 0$，$x_3 = 6$，初期速度 $\dot{x}_1 = \dot{x}_2 = \dot{x}_3 = 0$ のときの自由振動解を示せ．
(5) 質量 $2m$ に強制外力 $F\cos\omega t$ が作用するときの強制振動の運動方程式を示せ．
(6) 問題 (5) の運動方程式をモード座標 ξ_1, ξ_2, ξ_3 へ変換して非連成の運動方程式を導け．ただし，1次，2次，3次の各固有振動数を $\omega_1, \omega_2, \omega_3$ として表すこと．
(7) x_1 の応答を求めよ．

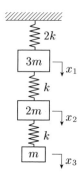

第 7 章
連続体の振動

　この章では系の自由度が無限になったものとして，連続体としての振動の扱いを学ぶ．連続体は実際の固体を表しており，その振動は我々の身のまわりにある振動である．3 次元 CAD によって作成された 3 次元モデルから，CAE によって簡単に固有振動数や固有モードを求めることができるようになったが，その数値計算結果の物理的解釈，および定性的な振動状態の把握などの観点から，連続体としての基本的な扱いおよびその挙動についての理解はこれまでにも増して必要になってきている．これには比較的簡単な連続体の振動，ここでは弦の振動，棒の縦振動，はりの横振動などについて固有振動数や固有モードの特性を知ることが重要である．

7.1 弦の振動

7.1.1 運動方程式

ここで扱う弦とは，張力による復元力だけを考え，その曲げ剛性の影響は微小として無視して考える連続体である．実際のものとしては弦楽器の弦の振動があげられる．

図7.1 に示すように張力 T で張られた線密度（単位長さ当たりの質量）ρ の弦を考える．左端から x の位置における変位を $w(x,t)$ とすると，そこから微小長さ dx 離れた位置の変位は，$w(x+dx,t) = w(x,t) + (\partial w/\partial x)dx$ と表すことができる．微小部分の両端に作用する張力の上下方向成分を考慮してニュートンの運動の法則を適用するとつぎのようになる．

$$\rho dx \frac{\partial^2 w}{\partial t^2} = -T\frac{\partial w}{\partial x} + T\frac{\partial}{\partial x}\left(w + \frac{\partial w}{\partial x}dx\right) \tag{7.1}$$

よって，

$$\rho \frac{\partial^2 w}{\partial t^2} = T\frac{\partial^2 w}{\partial x^2} \tag{7.2}$$

あるいは，

$$\frac{\partial^2 w}{\partial t^2} = c^2 \frac{\partial^2 w}{\partial x^2} \tag{7.3}$$

ここに，

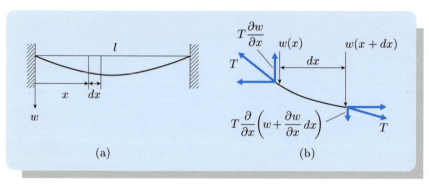

図 7.1 弦の振動

$$c = \sqrt{\frac{T}{\rho}} \tag{7.4}$$

式 (7.3) を**波動方程式** (wave equation) といい，c を**波動速度** (wave velocity) という．

7.1.2 波動解と振動解

(1) 波動解

式 (7.3) はつぎのような解を持つ．

$$w(x,t) = f(x - ct) + g(x + ct) \tag{7.5}$$

ここに，$f(x)$, $g(x)$ は任意の関数である．図 7.2 に示すように $f(x - ct)$ は時間とともに形を変えず速度 c で前進する関数（**前進波**）を表し，$g(x + ct)$ は後退する関数（**後退波**）を表す．すなわち，波動方程式は形を変えずに速度 c で移動する任意関数の解を持つ．

振幅 A，波動速度 c，角振動数 ω で前進する正弦関数の波はつぎの式で表される．

$$w(x,t) = A \sin \frac{\omega}{c}(x - ct) \tag{7.6}$$

ここで波の空間的な周期（x に関する周期）を λ で表すと，

$$\frac{\omega}{c}\lambda = 2\pi \quad \therefore \quad \lambda = \frac{2\pi c}{\omega} = \frac{c}{f} \tag{7.7}$$

この λ のことを**波長** (wave length) という．

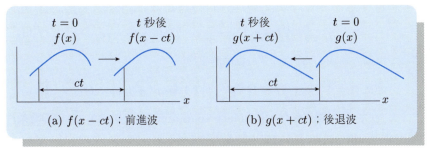

図 7.2 波動方程式の解

つぎに同一振動数，同一振幅の正弦関数の前進波と後退波を加えると，

$$w(x,t) = A\sin\frac{\omega}{c}(x-ct) + A\sin\frac{\omega}{c}(x+ct) = 2A\sin\frac{\omega}{c}x\cos\omega t \quad (7.8)$$

この波は前進も後退もせずに留まり，任意の点が単振動する**定常波** (standing wave) となる．これは振動解を表している．

(2) 振動解

式 (7.3) の解を以下のように変数分離の形におく．

$$w(x,t) = W(x)f(t) \quad (7.9)$$

式 (7.9) を式 (7.3) に代入すると，

$$W\frac{d^2f}{dt^2} = c^2 f \frac{d^2W}{dx^2}$$

あるいは，

$$\frac{1}{f}\frac{d^2f}{dt^2} = c^2 \frac{1}{W}\frac{d^2W}{dx^2} = -\omega^2 \quad (7.10)$$

式 (7.10) は左辺は t のみ，右辺は x のみの関数であり，両者が等しいためには定数である必要がある．振動解となることを仮定してその定数を $-\omega^2$ とおくと次式が得られる．

$$\frac{d^2f}{dt^2} + \omega^2 f = 0 \quad (7.11)$$

$$\frac{d^2W}{dx^2} + \frac{\omega^2}{c^2}W = 0 \quad (7.12)$$

式 (7.11)，式 (7.12) より以下の解が得られる．

$$f(t) = A\cos\omega t + B\sin\omega t \quad (7.13)$$

$$W(x) = C\cos\frac{\omega}{c}x + D\sin\frac{\omega}{c}x \quad (7.14)$$

よって波動方程式 (7.3) はつぎの振動解を持つ．

$$w(x,t) = \left(C\cos\frac{\omega}{c}x + D\sin\frac{\omega}{c}x\right)(A\cos\omega t + B\sin\omega t) \quad (7.15)$$

ここで，C, D は**境界条件** (boundary condition) により，A, B は**初期条件** (initial condition) により決定される定数である．

両端固定された長さ l の弦の境界条件は，

7.1 弦の振動

$$w(0,t) = w(l,t) = 0 \tag{7.16}$$

式 (7.15) において t の値によらず境界条件が成立することを考慮すると，

$$C = 0, \quad D \sin \frac{\omega l}{c} = 0 \tag{7.17}$$

式 (7.17) において，$D = 0$ の場合は振動解となり得ないので，以下を満足する必要がある．

$$\sin \frac{\omega l}{c} = 0 \tag{7.18}$$

式 (7.18) は固有振動数を求めるための**振動数方程式** (frequency equation) となる．

式 (7.18) から固有振動数は，

$$\omega_i = \frac{i\pi c}{l} = \frac{i\pi}{l}\sqrt{\frac{T}{\rho}}, \quad i = 1, 2, 3, \cdots \tag{7.19}$$

となり，無数に存在する．

対応する振動モードを表す固有モード関数は，

$$W_i(x) = \sin \frac{i\pi x}{l} \tag{7.20}$$

弦の振動モードを図 7.3 に示す．よって，i 次モードの振動は，

$$w_i = \sin \frac{i\pi x}{l} \left(A_i \cos \omega_i t + B_i \sin \omega_i t \right) \tag{7.21}$$

一般の自由振動解はこれら各次のモードの振動の重ね合わせで表される．

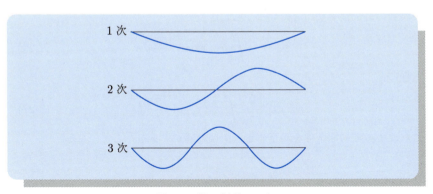

図 7.3 弦の振動モード

$$w(x,t) = \sum_{i=1}^{\infty} w_i = \sum_{i=1}^{\infty} \sin \frac{i\pi x}{l} \left(A_i \cos \omega_i t + B_i \sin \omega_i t\right) \tag{7.22}$$

ここに，A_i, B_i は初期条件により決定される．

初期条件として，$t=0$ における初期変位と初期速度をつぎのように与える．

$$w(x,0) = w_0(x), \quad \dot{w}(x,0) = v_0(x) \tag{7.23}$$

式 (7.22) を式 (7.23) に代入すると，

$$\sum_{i=1}^{\infty} A_i \sin \frac{i\pi x}{l} = w_0(x) \tag{7.24}$$

$$\sum_{i=1}^{\infty} B_i \omega_i \sin \frac{i\pi x}{l} = v_0(x) \tag{7.25}$$

式 (7.24) の左辺と右辺を入れかえ，両辺に $\sin \frac{j\pi x}{l}$ を掛けて 0 から l まで積分すると，

$$\begin{aligned}
\int_0^l w_0(x) \sin \frac{j\pi x}{l} dx &= \sum_{i=1}^{\infty} A_i \int_0^l \sin \frac{i\pi x}{l} \sin \frac{j\pi x}{l} dx \\
&= \sum_{i=1}^{\infty} A_i \int_0^l \frac{1}{2} \left\{ \cos \frac{\pi}{l}(i-j)x - \cos \frac{\pi}{l}(i+j)x \right\} dx \\
&= \frac{l}{2} A_j
\end{aligned}$$

上式では $i=j$ 以外のときの積分はすべてゼロになること，すなわち固有モード関数の直交性を利用している．したがって，

$$A_j = \frac{2}{l} \int_0^l w_0(x) \sin \frac{j\pi x}{l} dx \tag{7.26}$$

同様に，

$$B_j = \frac{2}{j\pi c} \int_0^l v_0(x) \sin \frac{j\pi x}{l} dx \tag{7.27}$$

これによって初期条件を満足する自由振動解が求まったことになる．

例題 1

図のような初期変位を与えられた長さ $2l$ の弦の自由振動解を求めよ．

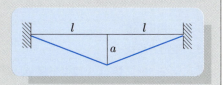

図 7.4 初期変位の与えられた弦

解答 初期変位は

$$w_0(x) = \frac{a}{l}x \qquad (0 \le x \le l)$$
$$= \frac{a}{l}(2l - x) \quad (l \le x \le 2l)$$

初期速度は，$v_0(x) = 0$
式 (7.26), (7.27) より，

$$A_i = \frac{1}{l}\int_0^l \frac{a}{l}x \sin\frac{i\pi x}{2l}dx + \frac{1}{l}\int_l^{2l} \frac{a}{l}(2l-x)\sin\frac{i\pi x}{2l}dx = \frac{8a}{\pi^2}\frac{1}{i^2}(-1)^{\frac{i-1}{2}},$$
$$i = 1, 3, 5, \cdots$$

$$B_i = 0$$

よって，

$$w(x, t) = \frac{8a}{\pi^2}\sum_{i=1,3,\cdots}^{\infty}(-1)^{\frac{i-1}{2}}\frac{1}{i^2}\sin\frac{i\pi x}{2l}\cos\frac{i\pi c}{2l}t$$

半周期後までの変位の分布状態を下図に示す． ■

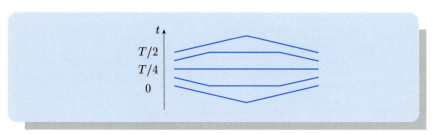

図 7.5 弦の変位分布の時間変化

7.2 棒の縦振動

7.2.1 自由振動
(1) 運動方程式

真直な均一断面積 A を持つ密度 ρ，縦弾性率 E の棒の**縦振動** (longitudinal vibration) を考える．図 7.6 のように x 軸方向の変位を u，軸力を S とし，棒の微小部分 dx に作用する軸力を考慮して運動方程式を求めると，

$$\rho A dx \frac{\partial^2 u}{\partial t^2} = -S + \left(S + \frac{\partial S}{\partial x}dx\right) = \frac{\partial S}{\partial x}dx \tag{7.28}$$

軸力 S と軸方向ひずみ $\partial u/\partial x$ との関係は，

$$S = EA\frac{\partial u}{\partial x} \tag{7.29}$$

式 (7.28), (7.29) より，

$$\frac{\partial^2 u}{\partial t^2} = c^2 \frac{\partial^2 u}{\partial x^2}, \quad c = \sqrt{\frac{E}{\rho}} \tag{7.30}$$

これも波動方程式であり，c は縦波の波動速度を表す．

参考までに記すと，棒のねじり振動も同じ波動方程式になる．ただし，$c = \sqrt{G/\rho}$，G は横弾性係数である．鋼 ($E = 2.06 \times 10^{11}\,\mathrm{N/m^2}$，$G = 8.24 \times 10^{10}\,\mathrm{N/m^2}$，$\rho = 7800\,\mathrm{kg/m^3}$) の場合の縦振動とねじり振動の波動速度は，

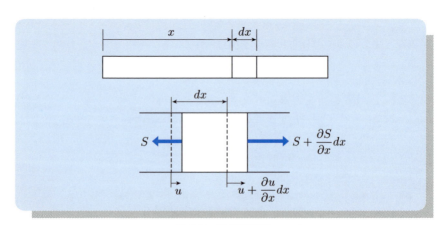

図 7.6　棒の縦振動

$\sqrt{E/\rho} = 5.14 \times 10^3$ m/s, $\sqrt{G/\rho} = 3.25 \times 10^3$ m/s となる．

式 (7.30) の自由振動解は弦の振動と同じになるので，式 (7.15) からつぎのように表される．

$$u(x,t) = U(x)\left(A\cos\omega t + B\sin\omega t\right) \tag{7.31}$$

$$U(x) = C\cos\frac{\omega}{c}x + D\sin\frac{\omega}{c}x \tag{7.32}$$

両端固定棒の固有振動数は，c の定義は異なるが，式 (7.19) と同様の式になり，固有モード関数は式 (7.20) に等しくなる．

(2) 両端自由棒

境界条件は両端でひずみがないから，

$$\left(\frac{\partial u}{\partial x}\right)_{x=0} = 0, \quad \left(\frac{\partial u}{\partial x}\right)_{x=l} = 0 \tag{7.33}$$

式 (7.32) より境界条件を考慮すると，

$$D = 0, \quad \sin\frac{\omega l}{c} = 0 \tag{7.34}$$

式 (7.34) より固有振動数および固有モード関数は，

$$\omega_i = \frac{i\pi c}{l} \tag{7.35}$$

$$U_i(x) = \cos\frac{i\pi x}{l}, \quad i = 1, 2, \cdots \tag{7.36}$$

一般的な自由振動解は，

$$u(x,t) = \sum_{i=1}^{\infty}\cos\frac{i\pi x}{l}\left(A_i\cos\omega_i t + B_i\sin\omega_i t\right) \tag{7.37}$$

初期変位 $u_0(x)$，初期速度 $v_0(x)$ から A_i, B_i を定める．

$$u(x,0) = u_0(x), \quad \dot{u}(x,0) = v_0(x) \tag{7.38}$$

式 (7.37) を式 (7.38) に代入すると，

$$\sum_{i=1}^{\infty} A_i\cos\frac{i\pi x}{l} = u_0(x), \quad \sum_{i=1}^{\infty} B_i\omega_i\cos\frac{i\pi x}{l} = v_0(x) \tag{7.39}$$

弦の場合と同じように式 (7.39) より係数を求めると，

$$A_i = \frac{2}{l}\int_0^l u_0(x)\cos\frac{i\pi x}{l}dx, \quad B_i = \frac{2}{i\pi c}\int_0^l v_0(x)\cos\frac{i\pi x}{l}dx \tag{7.40}$$

(3) 一端固定他端自由棒

境界条件は，

$$(u)_{x=0} = 0, \quad \left(\frac{\partial u}{\partial x}\right)_{x=l} = 0 \tag{7.41}$$

式 (7.32) に境界条件を考慮すると，

$$C = 0, \quad \cos\frac{\omega l}{c} = 0 \tag{7.42}$$

これより固有振動数，固有モード関数は，

$$\omega_i = \frac{(2i-1)\pi c}{2l} \tag{7.43}$$

$$U_i(x) = \sin\frac{(2i-1)\pi x}{2l}, \quad i = 1, 2, 3, \cdots \tag{7.44}$$

初期条件を考慮した自由振動解は，

$$u(x,t) = \sum_{i=1}^{\infty} \sin\frac{(2i-1)\pi x}{2l}\left(A_i \cos\omega_i t + B_i \sin\omega_i t\right) \tag{7.45}$$

$$\left.\begin{array}{l} A_i = \dfrac{2}{l}\displaystyle\int_0^l u_0(x) \sin\dfrac{(2i-1)\pi x}{2l} dx \\[2ex] B_i = \dfrac{4}{(2i-1)\pi c}\displaystyle\int_0^l v_0(x) \sin\dfrac{(2i-1)\pi x}{2l} dx \end{array}\right\} \tag{7.46}$$

(4) まとめ

棒の縦振動について各種境界条件における固有振動数と固有モード関数を表 7.1 にまとめる．

表 7.1 棒の縦振動の固有振動数とモード

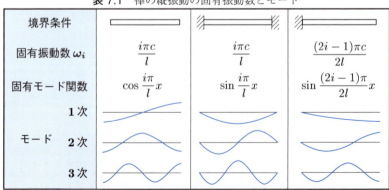

7.2 棒の縦振動

例題 2

一端が固定された棒の他端に力 P が作用している．$t=0$ でこの力が除かれるとき，その後の棒の振動を求めよ．

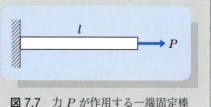

図 7.7 力 P が作用する一端固定棒

解答 初期変位は，$u_0(x) = \varepsilon x$，$\varepsilon = P/(EA)$
初期速度は，$v_0(x) = 0$
式 (7.46) より，

$$A_i = \frac{2}{l} \int_0^l \varepsilon x \sin \frac{(2i-1)\pi x}{2l} dx$$

$$= \frac{2\varepsilon}{l} \frac{4l}{(2i-1)^2 \pi^2} \sin \frac{(2i-1)\pi}{2} = \frac{8\varepsilon l}{(2i-1)^2 \pi^2}(-1)^{i-1}, \quad i=1, 2, \cdots$$

$B_i = 0$

よって，

$$u(x,t) = \frac{8\varepsilon l}{\pi^2} \sum_{i=1,3,\cdots}^{\infty} (-1)^{\frac{i-1}{2}} \frac{1}{i^2} \sin \frac{i\pi x}{2l} \cos \frac{i\pi c}{2l} t \qquad \blacksquare$$

7.2.2 強制振動

図 7.8 のように，棒にそって軸方向に単位長さ当たり $F(x,t)$ の分布外力が作用する場合の運動方程式は次式で表される．

$$\rho A \frac{\partial^2 u}{\partial t^2} = EA \frac{\partial^2 u}{\partial x^2} + F(x,t) \tag{7.47}$$

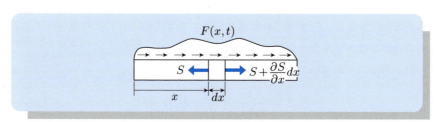

図 7.8 棒の縦振動

式 (7.47) の解を次式のように固有モード関数 U_i で展開した形で仮定する．

$$u = \sum_{i=1}^{\infty} U_i(x)\xi_i(t) \tag{7.48}$$

式 (7.48) を式 (7.47) に代入すると次式となる．

$$\rho A \sum_{i=1}^{\infty} U_i \frac{d^2 \xi_i}{dt^2} - EA \sum_{i=1}^{\infty} \frac{d^2 U_i}{dx^2} \xi_i = F(x,t) \tag{7.49}$$

ここで，式 (7.12) から固有モード関数 U_i は次式を満足する．

$$\frac{d^2 U_i}{dx^2} = -\left(\frac{\omega_i}{c}\right)^2 U_i \tag{7.50}$$

式 (7.50) を考慮すると式 (7.49) は次式となる．

$$\sum_{i=1}^{\infty} U_i \left(\ddot{\xi}_i + \omega_i^2 \xi_i\right) = F(x,t)/\rho A \tag{7.51}$$

式 (7.51) に U_j を掛けて，0 から l まで積分する．

$$\sum_{i=1}^{\infty} \int_0^l U_i(x)U_j(x)dx \left(\ddot{\xi}_i + \omega_i^2 \xi_i\right) = \frac{1}{\rho A}\int_0^l F(x,t)U_j(x)dx \tag{7.52}$$

ここで固有モード関数の直交性より次式が成り立つ．

$$\left.\begin{array}{ll} \int_0^l U_i(x)U_j(x)dx = 0, & i \neq j \\ \qquad\qquad\qquad\quad = \kappa_j, & i = j \end{array}\right\} \tag{7.53}$$

$U_i(x) = \cos i\pi x/l$ または $U_i(x) = \sin i\pi x/l$ のときには $\kappa_j = l/2$ となる．

式 (7.52) に式 (7.53) を考慮すると次式を得る．

$$\ddot{\xi}_j + \omega_j^2 \xi_j = \frac{1}{\rho A \kappa_j} \int_0^l F(x,t)U_j(x)dx \tag{7.54}$$

式 (7.54) は j 次のモードについての 1 自由度系と同様の式であり，ξ_j について解くことができる．ξ_j が求まれば強制振動の解は式 (7.48) により表される．これらの関係はマトリクス振動解析のモード座標による解析と同じである．

(1) $F(x,t) = f(x)\cos\omega t$ の場合

$$f_j = \frac{1}{\rho A \kappa_j} \int_0^l f(x)U_j(x)dx \tag{7.55}$$

とおくと式 (7.54) は次式となる．

7.2 棒の縦振動

$$\ddot{\xi}_j + \omega_j^2 \xi_j = f_j \cos\omega t \tag{7.56}$$

定常振動のみを考えると，式 (7.56) の解は次式で表される．

$$\xi_j = \frac{f_j}{\omega_j^2 - \omega^2} \cos\omega t \tag{7.57}$$

よって，強制振動の解は次式で与えられる．

$$u(x,t) = \sum_{i=1}^{\infty} \frac{f_i U_i(x)}{\omega_i^2 - \omega^2} \cos\omega t \tag{7.58}$$

式 (7.58) より $\omega = \omega_i$ では共振を起こし，そのときの振動形は $U_i(x)$ であることがわかる．

(2) $x = a$ に $f_0 \cos\omega t$ を受ける場合

$F(x,t) = f_0 \delta(x-a) \cos\omega t$ と表されるから，式 (7.55) より，

$$f_j = \frac{1}{\rho A \kappa_j} \int_0^l f_0 \delta(x-a) U_j(x) dx = \frac{f_0 U_j(a)}{\rho A \kappa_j} \tag{7.59}$$

よって式 (7.58) より，

$$u(x,t) = \frac{f_0}{\rho A} \sum_{i=1}^{\infty} \frac{U_i(x) U_i(a)}{\kappa_i (\omega_i^2 - \omega^2)} \cos\omega t \tag{7.60}$$

例題 3

一端固定棒の先端に $P\cos\omega t$ の強制外力を受ける系の応答を求めよ．

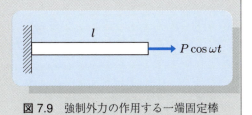

図 7.9 強制外力の作用する一端固定棒

[解答] 式 (7.44), (7.59) より，

$$f_i = \frac{2}{\rho Al} \int_0^l P\delta(x-l) \sin\frac{(2i-1)\pi x}{2l} dx = \frac{2P}{\rho Al} \sin\frac{(2i-1)\pi}{2} = (-1)^{i-1}\frac{2P}{\rho Al}$$

これより，

$$u(x,t) = \frac{2P}{\rho Al} \sum_{i=1}^{\infty} \frac{(-1)^{i-1}}{\omega_i^2 - \omega^2} \sin\frac{(2i-1)\pi x}{2l} \cos\omega t \qquad \because \ \omega_i = \frac{(2i-1)\pi c}{2l}$$

(3) 一般的な外力を受ける場合

外力を次式のようにおく．

$$F(x,t) = f(x)p(t) \tag{7.61}$$

式 (7.54) と式 (7.55) より次式を得る．

$$\ddot{\xi}_j + \omega_j^2 \xi_j = f_j p(t) \tag{7.62}$$

式 (7.62) の解は任意外力を受ける 1 自由度系の解であるから，式 (4.101) より，

$$\xi_j = \int_0^t h_j(t-\tau) f_j p(\tau) d\tau \tag{7.63}$$

ここで，$h_j(t)$ は式 (7.62) の系の単位インパルス応答であり，次式で与えられる．

$$h_j(t) = \frac{1}{\omega_j} \sin \omega_j t \tag{7.64}$$

よって，

$$\xi_j(t) = \frac{f_j}{\omega_j} \int_0^t \sin \omega_j (t-\tau) p(\tau) d\tau \tag{7.65}$$

これより，任意外力を受ける系の解は次式で与えられる．

$$u(x,t) = \sum_{i=1}^{\infty} \frac{U_i(x) f_i}{\omega_i} \int_0^t \sin \omega_i (t-\tau) p(\tau) d\tau \tag{7.66}$$

7.3 はりの横振動

7.3.1 自由振動
(1) 運動方程式と解

真直な均一断面積を持つはりの**横振動** (lateral vibration, transverse vib.) を考える．図 7.10 のようにはりの軸方向に x 軸をとり，それと直角方向のはりの変位を w とする．はりの微小部分 dx の変位方向についての運動方程式を求めると，

$$\rho A dx \frac{\partial^2 w}{\partial t^2} = \frac{\partial V}{\partial x} dx \tag{7.67}$$

ここに，ρ は密度，A は断面積，V はせん断力である．

はりの曲げの関係より，

$$V dx = \frac{\partial M}{\partial x} dx \tag{7.68}$$

$$M = -EI \frac{\partial^2 w}{\partial x^2} \tag{7.69}$$

ここに，M は曲げモーメント，E ははりの縦弾性係数，I ははりの中立軸に対する断面 2 次モーメントである．式 (7.67)～(7.69) より，はりの横振動の運動

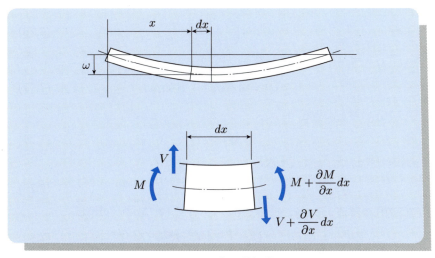

図 7.10 はりの横振動

方程式は次式で表される.

$$EI\frac{\partial^4 w}{\partial x^4} + \rho A \frac{\partial^2 w}{\partial t^2} = 0 \tag{7.70}$$

式 (7.70) は波動方程式とは異なり，もはや波動解を満足しない.

式 (7.70) の解を次式のようにおく.

$$w(x,t) = W(x)f(t) \tag{7.71}$$

式 (7.71) を式 (7.70) に代入して弦の振動の場合と同じように定数を $-\omega^2$ とおくと，

$$\frac{1}{f(t)}\frac{d^2 f}{dt^2} = -a^2 \frac{1}{W(x)}\frac{d^4 W}{dx^4} = -\omega^2 \tag{7.72}$$

ただし，

$$a = \sqrt{\frac{EI}{\rho A}} \tag{7.73}$$

式 (7.72) よりつぎの 2 つの式を得る.

$$\frac{d^2 f}{dt^2} + \omega^2 f = 0 \tag{7.74}$$

$$\frac{d^4 W}{dx^4} - k^4 W = 0 \tag{7.75}$$

ここに，

$$k^4 = \left(\frac{\omega}{a}\right)^2 = \omega^2 \frac{\rho A}{EI} \tag{7.76}$$

式 (7.74) の解は次式で与えられる.

$$f(t) = A\cos\omega t + B\sin\omega t \tag{7.77}$$

式 (7.75) の解を求める.

$$W = e^{sx} \tag{7.78}$$

とおいて式 (7.75) に代入すると，

$$s^4 - k^4 = 0 \tag{7.79}$$

式 (7.79) の解は $s = \pm k, \pm jk$ であるから，式 (7.75) の一般解は，

$$W(x) = C'_1 e^{jkx} + C'_2 e^{-jkx} + C'_3 e^{kx} + C'_4 e^{-kx} \tag{7.80}$$

または，$e^{j\theta} = \cos\theta + j\sin\theta$, $e^{\theta} = \cosh\theta + \sinh\theta$ の関係より，

$$W(x) = C_1 \cos kx + C_2 \sin kx + C_3 \cosh kx + C_4 \sinh kx \tag{7.81}$$

したがって，はりの横振動の解はつぎのようになる．

$$w(x,t) = W(x)(A\cos\omega t + B\sin\omega t) \tag{7.82}$$

(2) 両端単純支持はり

境界条件は両端でたわみおよび曲げモーメントがゼロであるから，

$$(w)_{x=0} = 0, \quad \left(\frac{\partial^2 w}{\partial x^2}\right)_{x=0} = 0 \tag{7.83}$$

$$(w)_{x=l} = 0, \quad \left(\frac{\partial^2 w}{\partial x^2}\right)_{x=l} = 0 \tag{7.84}$$

式 (7.81), (7.83) より，

$$C_1 + C_3 = 0, \quad -C_1 + C_3 = 0 \tag{7.85}$$

よって，$C_1 = C_3 = 0$．これを考慮して式 (7.81), (7.84) より，

$$\left.\begin{array}{r}C_2 \sin\lambda + C_4 \sinh\lambda = 0 \\ -C_2 \sin\lambda + C_4 \sinh\lambda = 0\end{array}\right\} \tag{7.86}$$

ここに，

$$\lambda = kl \tag{7.87}$$

式 (7.86) より C_2 と C_4 がともにゼロでないためには，$C_4 = 0$ および，

$$\sin\lambda = 0 \tag{7.88}$$

これを満足するには，

$$\lambda_i = i\pi, \quad i = 1, 2, 3, \cdots \tag{7.89}$$

λ を固有値と呼ぶ．これより固有振動数は，

$$\omega_i = \frac{\lambda_i^2}{l^2}\sqrt{\frac{EI}{\rho A}} = \frac{i^2 \pi^2}{l^2}\sqrt{\frac{EI}{\rho A}} \tag{7.90}$$

固有モード関数は，

$$W_i(x) = \sin k_i x = \sin\frac{i\pi x}{l} \tag{7.91}$$

ここに，

$$k_i = \frac{\lambda_i}{l} \tag{7.92}$$

(3) 一端固定他端自由はり（片持ちはり）

境界条件は $x=0$ で変位と傾きがゼロ，$x=l$ で曲げモーメントとせん断力がゼロであるから，

$$(w)_{x=0} = 0, \quad \left(\frac{\partial w}{\partial x}\right)_{x=0} = 0 \tag{7.93}$$

$$\left(\frac{\partial^2 w}{\partial x^2}\right)_{x=l} = 0, \quad \left(\frac{\partial^3 w}{\partial x^3}\right)_{x=l} = 0 \tag{7.94}$$

式 (7.81), (7.93) より，

$$C_1 + C_3 = 0, \; C_2 + C_4 = 0 \tag{7.95}$$

これより，$C_3 = -C_1, \; C_4 = -C_2$．これを考慮して式 (7.81), (7.94) より，

$$\left. \begin{array}{l} C_1(-\cos\lambda - \cosh\lambda) + C_2(-\sin\lambda - \sinh\lambda) = 0 \\ C_1(\sin\lambda - \sinh\lambda) + C_2(-\cos\lambda - \cosh\lambda) = 0 \end{array} \right\} \tag{7.96}$$

これより，C_1 と C_2 がともにゼロでないためには C_1, C_2 の係数行列式がゼロになる必要があるので，

$$(\cos\lambda + \cosh\lambda)^2 + \sin^2\lambda - \sinh^2\lambda = 0$$

これより，

$$\cos\lambda \cosh\lambda + 1 = 0 \tag{7.97}$$

式 (7.97) が振動数方程式となる．

この方程式の解は数値計算によらなければならないが，$\cos\lambda = -1/\cosh\lambda$ として両辺のグラフを描くと図 7.11 となる．両方のグラフの交点が解となるの

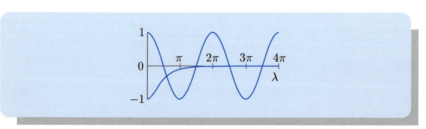

図 7.11　$\cos\lambda$ と $-1/\cosh\lambda$ の図

7.3 はりの横振動

で，2番目以降，すなわち $i \geq 2$ の解は，

$$\lambda_i = \frac{2i-1}{2}\pi, \quad i = 2, 3, 4, \cdots \tag{7.98}$$

によって近似されることがわかる．

式 (7.97) の固有値は以下の通りである（( ) は式 (7.98) による近似値）．

$$\lambda_1 = 1.875, \quad \lambda_2 = 4.694(4.712), \quad \lambda_3 = 7.854(7.854)$$

つぎに固有モード関数を求める．式 (7.96) より λ_i に対応して，

$$C_2 = -\alpha_i C_1 \tag{7.99}$$

$$\alpha_i = \frac{\cos\lambda_i + \cosh\lambda_i}{\sin\lambda_i + \sinh\lambda_i} \tag{7.100}$$

したがって式 (7.95), (7.99) より固有モード関数は，

$$W_i(x) = \cos k_i x - \cosh k_i x - \alpha_i(\sin k_i x - \sinh k_i x) \tag{7.101}$$

ここに，

$$\alpha_1 = 0.7341, \quad \alpha_2 = 1.018, \quad \alpha_3 = 0.9992$$

(4) その他の境界条件

a. 両端固定はり

振動数方程式　$\cos\lambda\cosh\lambda - 1 = 0$

固有値　$\lambda_1 = 4.730, \ \lambda_2 = 7.853, \ \lambda_3 = 10.996$

固有モード関数　$W_i(x) = \cos k_i x - \cosh k_i x + \alpha_i(\sinh k_i x - \sin k_i x)$

$$\alpha_1 = 0.9825, \quad \alpha_2 = 1.000777, \quad \alpha_3 = 0.999966$$

b. 両端自由はり

振動数方程式　$\cos\lambda\cosh\lambda - 1 = 0$

固有モード関数　$W_i(x) = \cos k_i x + \cosh k_i x - \alpha_i(\sinh k_i x + \sin k_i x)$

α_i は両端固定はりと同じである．ただし，両端固定はりとは異なり，境界が自由なため，振動しないが剛体としての運動を行う $\lambda_i = 0$ の固有値が存在する．

(5) まとめ

はりの横振動についてさまざまな境界条件における固有値 λ_i と固有モードを表 7.2 に示す．

表 7.2 はりの固有値 λ_i と固有モード

$$f_i = \frac{1}{2\pi} \cdot \frac{\lambda_i^2}{l^2} \sqrt{\frac{EI}{\rho A}} \ [\text{Hz}]$$

i	1	2	3
固定-自由	1.875	0.774 / 4.694	0.500 0.868 / 7.855
支持-支持	π	0.5(x) / 2π	0.333 0.667 / 3π
固定-固定	4.730	0.500 / 7.853	0.359 0.641 / 10.996
自由-自由	0.224 0.776 / 4.730	0.132 0.500 0.868 / 7.853	0.094 0.356 0.644 0.906 / 10.996
固定-支持	3.927	0.560 / 7.069	0.384 0.692 / 10.210
支持-自由	0.736 / 3.927	0.446 0.853 / 7.069	0.308 0.616 0.898 / 10.210

例題 4

先端に質量を持つ片持ちはりの横振動の振動数方程式を求めよ．

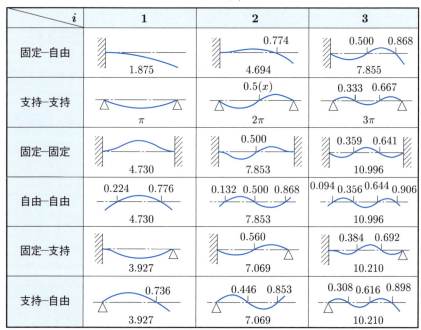

図 7.12 質量を持つ片持ちはり

解答 境界条件は，

$$(w)_{x=0} = 0, \quad \left(\frac{\partial w}{\partial x}\right)_{x=0} = 0$$

$$\left(\frac{\partial^2 w}{\partial x^2}\right)_{x=l} = 0, \quad EI\left(\frac{\partial^3 w}{\partial x^3}\right)_{x=l} = m\left(\frac{\partial^2 w}{\partial t^2}\right)_{x=l}$$

7.3 はりの横振動

これらより振動数方程式は以下のように求まる．

$$1 + \cos\lambda\cosh\lambda + \alpha\lambda(\cos\lambda\sinh\lambda - \sin\lambda\cosh\lambda) = 0$$

ここに，$\alpha = m/\rho Al$．

$\alpha = 0$ では片持ちはり，$\alpha = \infty$ では一端固定他端単純支持はりの振動数方程式と一致する． ■

(6) 固有モード関数の直交性

はりの場合の固有モード関数の直交性について以下に示す．

式 (7.75) より，

$$\frac{d^4 W_i}{dx^4} = k_i^4 W_i, \quad \frac{d^4 W_j}{dx^4} = k_j^4 W_j \tag{7.102}$$

式 (7.102) にそれぞれ W_j, W_i を掛けて差をとり，0 から l まで積分すると，

$$(k_i^4 - k_j^4)\int_0^l W_i W_j dx = \int_0^l \left(W_j \frac{d^4 W_i}{dx^4} - W_i \frac{d^4 W_j}{dx^4}\right) dx \tag{7.103}$$

右辺を部分積分すると，

$$\text{右辺} = \left[W_j \frac{d^3 W_i}{dx^3} - W_i \frac{d^3 W_j}{dx^3} - \frac{dW_j}{dx}\frac{d^2 W_i}{dx^2} + \frac{dW_i}{dx}\frac{d^2 W_j}{dx^2}\right]_0^l \tag{7.104}$$

$x = 0$ または $x = l$ における境界条件を考えると，固定端のときには $W = dW/dx = 0$，単純支持のときには $W = d^2W/dx^2 = 0$，自由端のときには $d^2W/dx^2 = d^3W/dx^3 = 0$ となるので，式 (7.104) はゼロになる．これらを含め，ばね支持などされたはりの一般的な境界条件は，C と D を定数としてつぎのように表される．

$$\frac{d^3 W}{dx^3} = CW, \quad \frac{d^2 W}{dx^2} = D\frac{dW}{dx} \tag{7.105}$$

このときにも式 (7.104) はゼロになるので，以下の直交条件を得る．

$$\begin{aligned}\int_0^l W_i(x) W_j(x) dx &= 0, \quad i \neq j \\ &= \kappa_i, \quad i = j\end{aligned} \tag{7.106}$$

(7) 初期条件を満足する解

一般的な自由振動解はつぎのように表される．

$$w(x,t) = \sum_{i=1}^{\infty} W_i(x)\left(A_i \cos\omega_i t + B_i \sin\omega_i t\right) \tag{7.107}$$

初期条件を以下のように考える．

$$w(x,0) = w_0(x), \quad \dot{w}(x,0) = v_0(x) \tag{7.108}$$

式 (7.108) に式 (7.107) を代入すると，

$$w_0(x) = \sum_{i=1}^{\infty} A_i W_i(x), \quad v_0(x) = \sum_{i=1}^{\infty} \omega_i B_i W_i(x) \tag{7.109}$$

式 (7.109) の第 1 式の両辺に $W_j(x)$ を掛けて 0 から l まで積分すると，

$$\int_0^l w_0(x) W_j(x) dx = \sum_{i=1}^{\infty} A_i \int_0^l W_i(x) W_j(x) dx \tag{7.110}$$

ここで固有モード関数の直交条件式 (7.106) を用いると次式が求まる．

$$A_j = \frac{1}{\kappa_j} \int_0^l w_0(x) W_j(x) dx \tag{7.111}$$

同様にして，式 (7.109) の第 2 式より，

$$B_j = \frac{1}{\omega_j \kappa_j} \int_0^l v_0(x) W_j(x) dx \tag{7.112}$$

ここで κ_j の値は，

単純支持：$\kappa_j = l/2$，両端固定：$\kappa_j = l$，片持ちはり：$\kappa_j \cong l$

7.3.2 強制振動

図 7.13 に示すように，分布した強制外力 $F(x,t)$ が作用するときの応答を求める．

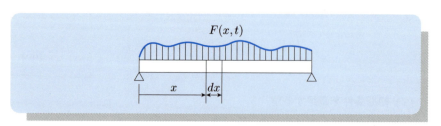

図 7.13 はりの強制振動

7.3 はりの横振動

運動方程式は次式のようになる.

$$\rho A \frac{\partial^2 w}{\partial t^2} = -EI\frac{\partial^4 w}{\partial x^4} + F(x,t) \qquad (7.113)$$

式 (7.113) の解をはりの固有モード関数 $W_i(x)$ で展開して以下のように表す.

$$w = \sum_{i=1}^{\infty} W_i(x)\xi_i(t) \qquad (7.114)$$

式 (7.114) を式 (7.113) に代入すると,

$$\rho A \sum_{i=1}^{\infty} W_i \frac{d^2 \xi_i}{dt^2} + EI \sum_{i=1}^{\infty} \frac{d^4 W_i}{dx^4}\xi_i = F(x,t) \qquad (7.115)$$

ここで式 (7.75), (7.76) より,

$$\frac{d^4 W_i}{dx^4} = \omega_i^2 \frac{\rho A}{EI} W_i \qquad (7.116)$$

式 (7.116) を式 (7.115) に代入すると,

$$\sum_{i=1}^{\infty} W_i \left(\ddot{\xi}_i + \omega_i^2 \xi_i \right) = F(x,t)/\rho A \qquad (7.117)$$

ここで,両辺に W_j を掛けて 0 から l まで積分し,直交条件式 (7.106) を考慮すると,

$$\ddot{\xi}_j + \omega_j^2 \xi_j = q_j(t) \qquad (7.118)$$

ここに,

$$q_j(t) = \frac{1}{\rho A \kappa_j} \int_0^l F(x,t) W_j(x) dx \qquad (7.119)$$

式 (7.118) を解いて式 (7.114) に代入すれば解が求まる.

例題 5

図 7.14 のような集中力加振を受ける長さ l の片持ちはりの l_2 における強制振動応答 w を求めよ.

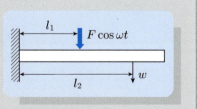

図 7.14 加振力を受ける片持ちはり

解答 式 (7.119) において $F(x,t) = F\cos\omega t \delta(x - l_1)$ とおくと,

$$q_j(t) = \frac{1}{\rho A \kappa_j} \int_0^l F\cos\omega t \delta(x - l_1) W_j(x) dx = \frac{W_j(l_1)}{\rho A \kappa_j} F\cos\omega t$$

よって式 (7.118) より,

$$\xi_j = \frac{1}{\omega_j^2 - \omega^2} \frac{W_j(l_1)}{\rho A \kappa_j} F\cos\omega t$$

式 (7.114) より,$\kappa_i \cong l$ を考慮すると応答解は,

$$w = \sum_{i=1}^{\infty} \frac{F}{\rho A l} \frac{W_i(l_1) W_i(l_2)}{\omega_i^2 - \omega^2} \cos\omega t$$

$w = W\cos\omega t$ と表すならば,外力 F に対する応答 W の比,すなわち**コンプライアンス** $G(\omega) = W/F$ はつぎのようになる.

$$G(\omega) = \frac{W}{F} = \sum_{i=1}^{\infty} \frac{1}{\rho A l} \frac{W_i(l_1) W_i(l_2)}{\omega_i^2 - \omega^2} = \frac{l^3}{EI} \sum_{i=1}^{\infty} \frac{W_i(l_1) W_i(l_2)}{\lambda_i^4 - \lambda^4}$$

$l_1 = l/2,\ l_2 = l$ の場合の $\left|G(\omega)/(l^3/EI)\right|$ と位相 ϕ を図 7.15 に示す. ∎

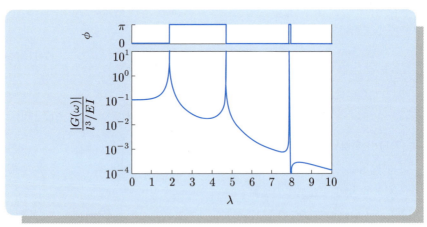

図 7.15 片持ちはりのコンプライアンス ($l_1 = l/2,\ l_2 = l$)

7.4 膜および板の振動

7.4.1 膜の振動

膜は曲げ剛性が無視でき，面内の引張力のみによって復元力を持つ 2 次元弾性体であって，弦の 2 次元化したものと考えられる．

膜の単位長さ当たりの張力を T，単位面積当たりの質量を ρ とするとき，図 7.16 より運動方程式は，

$$\rho dx dy \frac{\partial^2 w}{\partial t^2} = T \left(\frac{\partial^2 w}{\partial x^2} + \frac{\partial^2 w}{\partial y^2} \right) dx dy \tag{7.120}$$

これより，

$$\rho \frac{\partial^2 w}{\partial t^2} = T \left(\frac{\partial^2 w}{\partial x^2} + \frac{\partial^2 w}{\partial y^2} \right) \tag{7.121}$$

あるいは，

$$\frac{\partial^2 w}{\partial t^2} = c^2 \left(\frac{\partial^2 w}{\partial x^2} + \frac{\partial^2 w}{\partial y^2} \right), \quad c = \sqrt{T/\rho} \tag{7.122}$$

周辺固定長方形膜の場合の解は次式となる．

$$w = C \sin \frac{i\pi x}{a} \sin \frac{j\pi y}{b} \sin \omega_{ij} t, \quad i, j = 1, 2, 3, \cdots \tag{7.123}$$

式 (7.123) を式 (7.122) に代入すると固有振動数は，

$$\omega_{ij} = \pi \sqrt{\frac{i^2}{a^2} + \frac{j^2}{b^2}} \sqrt{\frac{T}{\rho}} \tag{7.124}$$

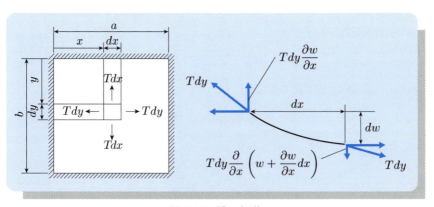

図 7.16 膜の振動

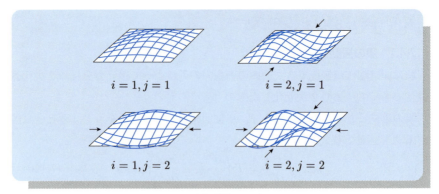

図 7.17　長方形膜の固有モード

i と j が 1 または 2 のときの固有モードを図 7.17 に示す．

円形膜の場合は，運動方程式 (7.122) を極座標 r, θ に変換すると，

$$\rho \frac{\partial^2 w}{\partial t^2} = T \left(\frac{\partial^2 w}{\partial r^2} + \frac{1}{r} \frac{\partial w}{\partial r} + \frac{1}{r^2} \frac{\partial^2 w}{\partial \theta^2} \right) \tag{7.125}$$

この解を以下のようにおく．

$$w(r, \theta, t) = W_n(r) \cos n\theta \cos \omega t \tag{7.126}$$

式 (7.126) を式 (7.125) に代入すると，

$$\frac{d^2 W_n}{dr^2} + \frac{1}{r} \frac{dW_n}{dr} + \left(\frac{\omega^2}{c^2} - \frac{n^2}{r^2} \right) W_n = 0 \tag{7.127}$$

式 (7.127) はベッセルの微分方程式 (Bessel's differential equation) であり，解はベッセル関数 J で表せる．

$$W_n = J_n(\omega_{ns} r/c) \tag{7.128}$$

半径 a の周辺固定円形膜の振動数方程式は，

$$J_n(\omega_{ns} a/c) = 0 \tag{7.129}$$

λ_{ns} を式 (7.129) の解とすると固有振動数は，

$$\omega_{ns} = \frac{\lambda_{ns}}{a} \sqrt{\frac{T}{\rho}} \tag{7.130}$$

ここに，n は節直径の数，s は固定辺を除いた節円の数を表す．固有モードと

表 7.3 円形膜の固有モードと固有値 λ_{ns}

s\n	0	1	2	3
0	2.405	3.832	5.136	6.380
1	5.520	7.106	8.417	9.761
2	8.654	10.173	11.620	13.015

λ_{ns} を表 7.3 に示す.

7.4.2 板の振動

板の横振動の運動方程式は次式で示される.

$$\rho h \frac{\partial^2 w}{\partial t^2} + D\left(\frac{\partial^4 w}{\partial x^4} + 2\frac{\partial^4 w}{\partial x^2 \partial y^2} + \frac{\partial^4 w}{\partial y^4}\right) = 0, \quad D = \frac{Eh^3}{12(1-\nu^2)} \quad (7.131)$$

ここに h は板厚, ν はポアソン比, ρ は密度, D は板の曲げ剛性である. 長方形板の場合, 式 (7.131) の解は相対する一組の辺が単純支持の場合のみ厳密に求められる. 周辺が円の場合は, 固定, 支持, 自由の境界条件に対して解が求まる.

(1) 長方形板

周辺単純支持された場合を考える. a, b を板の寸法とすると, 境界条件を満足する解は以下のように表される.

$$w = C\sin\frac{i\pi x}{a}\sin\frac{j\pi y}{b}\sin\omega_{ij}t, \quad i,j = 1,2,3,\cdots \quad (7.132)$$

式 (7.132) を式 (7.131) に代入すると固有振動数は,

$$\omega_{ij} = \pi^2\left(\frac{i^2}{a^2} + \frac{j^2}{b^2}\right)\sqrt{\frac{D}{\rho h}} \quad (7.133)$$

特に $a = b$ の正方形板では,

$$\omega_{ij} = \pi^2(i^2 + j^2)\frac{1}{a^2}\sqrt{\frac{D}{\rho h}} \quad (7.134)$$

であるから, $\omega_{ij} = \omega_{ji}$ となり, 固有振動数は等しいがモードが異なる場合が生じる. これを **縮退** (degeneration) という. 実際には材質, 形状, 境界条件など

表 7.4　正方形板および円板のモード形と固有値 λ^2

	1	2	3	4	5
周辺固定正方形板	35.99	73.41	108.3	131.6	132.2
一端固定正方形板	3.494	8.547	21.44	27.46	31.17
周辺固定円板	10.21	21.26	34.88	39.77	51.04
周辺自由円板	5.253	9.084	12.23	20.52	21.60

のわずかの相違により接近した固有振動数となり，モードが乱れたり，変動したりする．

正方形板の場合として，周辺固定および一端固定された固有モードと固有値 $\lambda^2\ (=\omega a^2\sqrt{\rho h/D})$ を表 7.4 に示す．

(2) 円板，円環板

運動方程式 (7.131) を極座標 $r,\ \theta$ で表すと，

$$\rho h \frac{\partial^2 w}{\partial t^2} + D\left(\frac{\partial^2}{\partial r^2} + \frac{1}{r}\frac{\partial}{\partial r} + \frac{1}{r^2}\frac{\partial^2}{\partial \theta^2}\right)^2 w = 0 \tag{7.135}$$

式 (7.135) の解を以下のようにおく．

$$w = W_n(r)\cos n\theta \cos\omega t \tag{7.136}$$

式 (7.136) を式 (7.135) に代入すると，

$$\frac{d^2 W_n}{dr^2} + \frac{1}{r}\frac{dW_n}{dr} - \left(\frac{n^2}{r^2} \pm k^2\right)W_n = 0, \quad k^4 = \frac{\omega^2}{D/(\rho h)} \tag{7.137}$$

式 (7.137) の解は以下のように表される．

$$W_n(r) = C_n J_n(kr) + D_n Y_n(kr) + E_n I_n(kr) + F_n K_n(kr) \tag{7.138}$$

ここに $J_n,\ Y_n$ は第 1 種および第 2 種のベッセル関数，$I_n,\ K_n$ は第 1 種および

第 2 種の変形ベッセル関数である．これらに $r = a$ (外側半径)，$r = b$ (内側半径) における境界条件を適用すれば円環板の振動数方程式を求めることができる．円板の場合は $r = 0$ で振幅は有限となることから，

$$W_n(r) = C_n J_n(kr) + E_n I_n(kr) \tag{7.139}$$

となる．固有振動数は固有値を $\lambda = ka$ とおくと，

$$\omega_{ns} = \frac{\lambda_{ns}^2}{a^2}\sqrt{\frac{D}{\rho h}} \tag{7.140}$$

周辺固定，周辺自由の円板の固有モードと固有値 $\lambda^2 \; (= \omega a^2 \sqrt{\rho h/D})$ を表 7.4 に示す．

第 7 章の問題

☐ **1** $l = 50\,\text{cm}$，$\rho = 0.05\,\text{g/cm}$ の弦がある．$440\,\text{Hz}$ (ラの音，A 音) に合わせるためにはどれだけの張力が必要か．

☐ **2** 長さ l，単位長さ当たりの質量 ρ，張力 T の弦の 1 次固有振動数を，弦の中央に質量 m を持つ質量のない弦にモデル化するときの m の値を求めよ．また，これを図のような変形を仮定して，エネルギ法を用いて求めたときの等価質量と比較せよ．

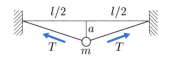

☐ **3** $l = 1\,\text{m}$，$\rho = 7.8\,\text{g/cm}^3$，$E = 206\,\text{GPa}$，$G = 82.4\,\text{GPa}$ の鋼棒がある．両端自由，一端固定他端自由の場合のねじり振動および縦振動の固有振動数を 3 次まで求めよ．

☐ **4** 両端固定棒の中央に荷重 P が作用している．P を急に取り除いたあとの自由振動解を求めよ．

☐ **5** 先端に質量 m がある長さ l の一端固定棒の縦振動の振動数方程式を求めよ．ただし棒の長さを l，縦弾性係数を E，断面積を A，波動速度を c とする．

第7章　連続体の振動

□ **6** 左端が固定，右端がばね支持された棒の縦振動の振動数方程式を求めよ．ただし棒の長さを l，縦弾性係数を E，断面積を A，波動速度を c，右端のばね定数を k とする．

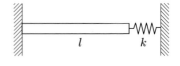

□ **7** $l = 1\,\mathrm{m}$，厚さ $h = 20\,\mathrm{mm}$，$\rho = 7.8\,\mathrm{g/cm^3}$，$E = 206\,\mathrm{GPa}$ の鋼の長方形断面はりがある．片持ちはり（一端固定他端自由はり），両端固定はり，単純支持はりの固有振動数を3次まで求めよ．

□ **8** 一端固定，他端ローラ端の均一はりの横振動の固有振動数方程式を求めよ．

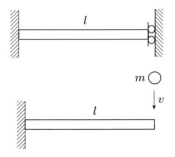

□ **9** 長さ l の片持ちはりの先端に質量 m が速度 v で衝突する．質量 m がはりから離れない間の運動を検討したい．どのような解析を行えばよいか．具体的に手順を示せ．

□ **10** 両端単純支持はりの中央に質量 m がある場合の対称モードの振動数方程式を求めよ．

□ **11** 長さ l の両端単純支持はりの中央に強制外力 $F\cos\omega t$ が作用している．中央点の変位応答を求めよ．

□ **12** 長さ l の両端単純支持はりの両端が $a\sin\omega t$ で変位加振されるときの強制振動応答を求めよ．また，これは強制分布外力による応答とみなすことができることを示し，そのときの分布外力の値を求めよ．

第 8 章
非線形振動

　振動系の復元力や減衰力が変位あるいは速度に比例しない系を一般に非線形系という．大変形やガタ，あるいは摩擦など，機械構造物には非線形性を示すものが多い．非線形系では線形系とは異なる特異な現象が起こり，しかも解析が一般に困難である．しかし，設計条件の厳しさとともに非線形性を考慮した解析がより必要となってきている．ここでは簡単な例のみを扱い，典型的な現象とその取扱いについて学ぶ．

8.1 非線形系

振動系の非線形性は復元力や減衰力に現れる．線形系では減衰力は速度に比例し，ばね力は変位に比例するが，これらの特性は変位や速度の値が大きくなるにつれて高次成分の影響が無視できなくなったり，構造が変化したりすることで非線形性が現れる場合が多く，線形性は一般に成立しない．クーロン摩擦減衰は非線形減衰力の例であり，ばねの復元力特性には非線形性を持つものが広く存在する．

運動方程式 $m\ddot{x} + c\dot{x} + kx = f$ についてみてみると，線形系では m, c, k は定数であるが，実際に生じる振動現象ではこれらが正の定数とならない場合や，変数 x に関して1次式でない場合がある．このように，系の運動方程式が非線形な微分方程式に支配される振動を**非線形振動**という．非線形振動系では一般に，厳密な数式による解析は困難であるが，種々の近似解法を用いることにより，系の振る舞いを知ることができる．

8.1.1 種々の非線形振動系とその性質

機械振動では，復元力や減衰力に非線形性がみられる場合が多く，非線形復元力では，ばね特性が非線形となる．代表的な非線形ばねとその復元力特性を図 8.1 に示す．図 8.1(a) はガタのある特性，(b) は初圧縮のあるばね特性を表

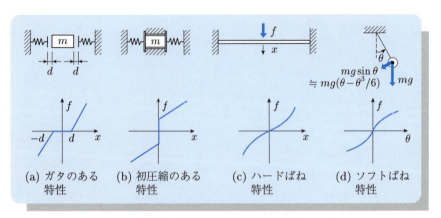

図 8.1 典型的な非線形ばね特性

す．さらに，非線形の復元力が働く系としては，復元力に変位の3乗の項を含む場合が代表的であり，図8.1(c)のように変位が大きくなると剛性が高くなるようなばねを**漸硬ばね**（ハードばね，hard spring），図8.1(d)に示すように，逆に剛性が低くなるようなばねを**漸軟ばね**（ソフトばね，soft spring）と呼ぶ．一方，非線形減衰力にはクーロン摩擦や流体抵抗などがある．

なお，これらの非線形ばね特性を有する系においては，固有振動数は一般に振幅に依存して変化し，線形系の場合のように一定値とならない．このことについては後述する．

8.1.2 非線形系の解析手法と振動現象

線形系と違い，非線形系では解の重ね合わせができないこともあり，運動方程式が導出できても，厳密な解が求められる場合は非常に限られる．そこで，非線形性の度合いや種類に応じて，種々の近似解法が使い分けられる．また，非線形系では定性的解析が重要であり，変位 x と速度 $\dot{x}$ の軌跡を2次元座標上に描く，位相平面を利用した解析もよく用いられる．

非線形系では線形系には現れない以下のような種々の現象がある．

(1) 自由振動
- 固有振動数が振幅に依存する．
- 波形が正弦波からひずむ．

(2) 強制振動
- 共振曲線に不安定部分が存在する（飛び移り現象）．
- 外力の振動数と応答の振動数とが必ずしも一致せず，応答波形に高次調波や低次調波の成分を大きく含む共振がある（高調波共振，分数調波共振など）．
- ランダムに近い応答が現れる（カオス）．

非線形系は線形系と比べて静的力に対しては「量」の相違であるが，動的力に対しては「質」的相違となることに注意を要する．

非線形系の近似解法としては，つぎのようなものが代表的である．まず，非線形性の小さい準線形系に対する有効な解析手法として，非線形方程式を等価な線形方程式として取り扱う**等価線形化法**が一般によく用いられる．また，非

線形性を表す微小パラメータ ε を運動方程式に導入し，ε に関してべき級数展開することにより近似解を得る**摂動法**や，一種の定数変化法として，母解の振幅と位相に変調を施すことにより近似解を得る**平均法**などがある．一方，非線形性の大きい系に対しても有効な解析法として，**調和バランス法**が知られている．これは一種のフーリエ級数解法であり，原則として周期解を得る方法であるが，任意の精度で近似解を求めることができ，また多自由度系の問題にも適用しやすい．

なお，計算機を用いて運動方程式から直接的に数値積分すれば数値解を得ることはできるが，非線形振動のメカニズムを考察し，全般的な特徴を明らかにするためには，以上に述べた理論解析手法が有効である．

8.2 非線形系の自由振動

本節では，非線形振動系に対する各種の近似解析手法のうち，調和バランス法，平均法および等価線形化法を取り上げ，非線形系の例としてダッフィング系の自由振動を対象に，近似解の導出方法を示す．

8.2.1 調和バランス法

以下の方程式で表される非線形振動系を考える．

$$m\ddot{x} + k_1 x + k_3 x^3 = 0 \tag{8.1}$$

このような方程式を**ダッフィング方程式** (Duffing equation) と呼ぶ．

式 (8.1) を m で割って，

$$\ddot{x} + \omega_n^2 (x + \beta x^3) = 0 \tag{8.2}$$

ここで，

$$\omega_n = \sqrt{\frac{k_1}{m}}, \quad \beta = \frac{k_3}{k_1} \tag{8.3}$$

式 (8.2) には厳密解が存在するが，以下では近似解法の1つである調和バランス法による近似解を求める．

β が微小ならば，解は調和振動に近いと考えられるので解をつぎのようにおく．

$$x = A \cos \omega t \tag{8.4}$$

8.2 非線形系の自由振動

式 (8.4) を式 (8.2) に代入すると，

$$-A\omega^2 \cos\omega t + \omega_n^2(A\cos\omega t + \beta A^3 \cos^3\omega t) = 0$$

さらに，$\cos^3\omega t$ を書き直して，

$$-A\omega^2 \cos\omega t + \omega_n^2 \left\{ A\cos\omega t + \beta A^3 \frac{1}{4}(3\cos\omega t + \cos 3\omega t) \right\} = 0$$

解を式 (8.4) のように仮定しているので，上式にて $\cos 3\omega t$ の項を無視すると，

$$\left\{ -\omega^2 + \omega_n^2 \left(1 + \frac{3}{4}\beta A^2\right) \right\} A\cos\omega t = 0 \tag{8.5}$$

これが時間に無関係に成り立つためには，

$$\omega = \omega_n \sqrt{1 + \frac{3}{4}\beta A^2} \tag{8.6}$$

式 (8.6) が自由振動の振動数（固有振動数）ω を与える式である．これより，固有振動数が振幅 A に依存することがわかる．このように，周期解の近似解法として解を n 項のフーリエ級数で仮定し（いまの場合，$n=1$），微分方程式に代入して n 項までの三角関数の係数比較より級数係数を求める方法を**調和バランス法** (harmonic balance method) という．

式 (8.6) より，$\beta > 0$ では振幅 A が大きくなると，自由振動の振動数 ω は大きくなる．逆に，$\beta < 0$ では ω は小さくなる（図 8.2 参照）．これらの特性はハードばね系 ($\beta > 0$) およびソフトばね系 ($\beta < 0$) の特徴であり，それぞれ振

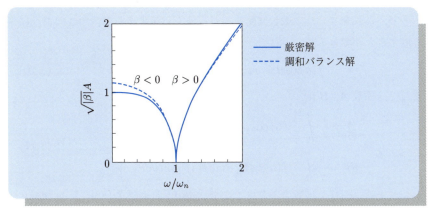

図 8.2 ダッフィング系の自由振動特性（厳密解と調和バランス解との比較）

幅が大きくなるとばね剛性が高く，または低くなることから推察される．図 8.2 に示すように $\beta < 0$ では，ある振幅以上になると周期的な解は存在しない．また同図より式 (8.6) の近似解は厳密解と比較して，かなりよい結果を与えることがわかる．

なお，導出過程は省略するが，厳密解は次式で与えられる．

$$\beta > 0 \text{ に対して} \quad \omega = \frac{\pi}{2}\frac{\sqrt{1+\beta A^2}}{K(k)}\omega_n, \quad \text{ただし}, \quad k = \sqrt{\frac{\beta A^2}{2(1+\beta A^2)}}$$

$$\beta < 0 \text{ に対して} \quad \omega = \frac{\pi}{2}\frac{\sqrt{1+\beta A^2/2}}{K(k)}\omega_n, \quad \text{ただし}, \quad k = \sqrt{\frac{-\beta A^2}{2+\beta A^2}}$$

ここで，$K(k)$ は第 1 種楕円積分である．

8.2.2 等価線形化法

まずは，$f(x,\dot{x})$ を非線形力とする自由振動の方程式 (8.7) について考える．

$$m\ddot{x} + f(x,\dot{x}) = 0 \tag{8.7}$$

つぎに，式 (8.7) の周期解を以下のように仮定する．

$$x = a\cos(\omega t + \phi) = a\cos\theta, \quad \theta = \omega t + \phi \tag{8.8}$$

これより，速度に関する次式が導かれる．

$$\dot{x} = -a\omega\sin\theta \tag{8.9}$$

さて，非線形関数 $f(x,\dot{x}) = f(a\cos\theta, -a\omega\sin\theta)$ は時刻に関して周期関数となるので，これをフーリエ級数展開して基本波だけを考えると，つぎのように書き直すことができる．

$$f(a\cos\theta, -a\omega\sin\theta) = A\cos\theta + B\sin\theta \tag{8.10}$$

ここで，係数 A, B は，

$$\left.\begin{array}{l} A = \dfrac{1}{\pi}\displaystyle\int_0^{2\pi} f(a\cos\theta, -a\omega\sin\theta)\cos\theta d\theta \\[2mm] B = \dfrac{1}{\pi}\displaystyle\int_0^{2\pi} f(a\cos\theta, -a\omega\sin\theta)\sin\theta d\theta \end{array}\right\} \tag{8.11}$$

から求まるフーリエ係数である．ここで式 (8.8) および式 (8.9) より，$\cos\theta = x/a$, $\sin\theta = -\dot{x}/a\omega$ なので，式 (8.10) はつぎのように書き直せる．

8.2 非線形系の自由振動

$$f(x,\dot{x}) = f(a\cos\theta, -a\omega\sin\theta) = \frac{A}{a}x - \frac{B}{a\omega}\dot{x} \tag{8.12}$$

式 (8.12) の表現を利用すると，もとの方程式 (8.7) は，つぎの式 (8.13) で表せる．

$$m\ddot{x} - \frac{B}{a\omega}\dot{x} + \frac{A}{a}x = 0 \tag{8.13}$$

式 (8.13) において，変位 x と速度 $\dot{x}$ の係数を，

$$\left.\begin{array}{l} k_e = \dfrac{A}{a} = \dfrac{1}{\pi a}\displaystyle\int_0^{2\pi} f(a\cos\theta, -a\omega\sin\theta)\cos\theta d\theta \\[2mm] c_e = -\dfrac{B}{a\omega} = -\dfrac{1}{\pi a\omega}\displaystyle\int_0^{2\pi} f(a\cos\theta, -a\omega\sin\theta)\sin\theta d\theta \end{array}\right\} \tag{8.14}$$

とおけば，形式的に式 (8.13) はつぎのような線形系の運動方程式として書き表すことができ，線形系としての取扱いが可能となる．

$$m\ddot{x} + c_e\dot{x} + k_e x = 0 \tag{8.15}$$

このように，非線形方程式を等価な線形の方程式に置きかえる手法を**等価線形化法** (equivalent linearization method) という．このとき，c_e を等価線形減衰係数，k_e を等価線形ばね定数と呼ぶ．

ここで，具体的に $f(x,\dot{x}) = k_1(x + \beta x^3)$ と与えれば，運動方程式は式 (8.1) のダッフィング方程式に一致する．この場合について，等価線形化法に従い運動方程式の線形化を行ってみる．式 (8.14) より，

$$\left.\begin{array}{l} k_e = \dfrac{A}{a} = \dfrac{1}{\pi a}\displaystyle\int_0^{2\pi} k_1(a\cos\theta + \beta a^3\cos^3\theta)\cos\theta d\theta = k_1\left(1 + \dfrac{3}{4}\beta a^2\right) \\[2mm] c_e = -\dfrac{B}{a\omega} = -\dfrac{1}{\pi a\omega}\displaystyle\int_0^{2\pi} k_1(a\cos\theta + \beta a^3\cos^3\theta)\sin\theta d\theta = 0 \end{array}\right\} \tag{8.16}$$

となるので，線形化された運動方程式は，

$$m\ddot{x} + k_1\left(1 + \frac{3}{4}\beta a^2\right)x = 0 \tag{8.17}$$

のように書ける．よって，近似的に線形系へ置きかえられた式 (8.17) より，この系の固有角振動数 ω は以下の式 (8.18) のように求めることができる．

$$\omega = \sqrt{\frac{k_e}{m}} = \sqrt{\frac{k_1}{m}\left(1 + \frac{3}{4}\beta a^2\right)} = \omega_n\sqrt{1 + \frac{3}{4}\beta a^2}, \quad \omega_n^2 = \frac{k_1}{m} \quad (8.18)$$

式 (8.18) は，基本波成分のみを考慮して，調和バランス法より得た固有振動数を表す式 (8.6) に一致する．

8.2.3 平均法

1自由度振動系において，一般的な非線形力として $f(x, \dot{x})$ が作用する場合を考えてみる．ただし，ここでは説明の都合上，線形復元力の成分を $f(x, \dot{x})$ に含めず，以下のように運動方程式を表すこととする．

$$m\ddot{x} + k_1 x + f(x, \dot{x}) = 0 \quad (8.19)$$

これを以下のように2つの式に分けて考え，おのおの時間に関して一階微分の形式に書き直す．

$$\left. \begin{aligned} \dot{x} &= y \\ \dot{y} &= -\omega_n^2 x - \frac{1}{m}f(x, \dot{x}) \quad \text{ただし，} \omega_n = \sqrt{k_1/m} \end{aligned} \right\} \quad (8.20)$$

平均法は，線形系の自由振動解を母解として，非線形成分による振幅と位相の時間変化は緩やかであることを前提に，これらを1周期間の平均化操作でならすことにより母解の主要振動数成分を除き，ゆっくりと変動する成分の近似解を得る，一種の定数変化法である．そこで，まずは非線形性が小さいとして $f(x, \dot{x}) \approx 0$ とし，式 (8.20) の近似解をつぎのように仮定する．

$$x = X\sin(\omega_n t + \phi), \quad y = X\omega_n \cos(\omega_n t + \phi) \quad (8.21)$$

ここで，X と ϕ を時刻 t の関数とみなし，式 (8.21) を式 (8.20) に代入すれば，

$$\left. \begin{aligned} &\dot{X}\sin(\omega_n t + \phi) + X\dot{\phi}\cos(\omega_n t + \phi) = 0 \\ &\dot{X}\omega_n \cos(\omega_n t + \phi) - X\omega_n \dot{\phi}\sin(\omega_n t + \phi) \\ &\quad = -\frac{1}{m}f(X\sin(\omega_n t + \phi), X\omega_n \cos(\omega_n t + \phi)) \end{aligned} \right\} \quad (8.22)$$

式 (8.22) を $\dot{X}, \dot{\phi}$ について解くと，

8.2 非線形系の自由振動

$$\left.\begin{aligned}\dot{X} &= -\frac{1}{m\omega_n}f(X\sin(\omega_n t+\phi), X\omega_n\cos(\omega_n t+\phi))\cos(\omega_n t+\phi) \\ \dot{\phi} &= \frac{1}{m\omega_n X}f(X\sin(\omega_n t+\phi), X\omega_n\cos(\omega_n t+\phi))\sin(\omega_n t+\phi)\end{aligned}\right\}$$
(8.23)

振幅 X と ϕ の時間変化は 1 周期内で小さいとして，これらの時間平均操作を施すと，式 (8.23) はつぎの式 (8.24) のように書き表せる.

$$\left.\begin{aligned}\dot{\tilde{X}} &= \frac{1}{T}\int_0^T \dot{X}dt = \frac{\omega_n}{2\pi}\frac{1}{\omega_n}\int_0^{2\pi}\dot{X}d\theta \\ &= -\frac{1}{2\pi\omega_n m}\int_0^{2\pi}f(\tilde{X}\sin\theta, \tilde{X}\omega_n\cos\theta)\cos\theta d\theta \\ \dot{\tilde{\phi}} &= \frac{1}{T}\int_0^T \dot{\phi}dt = \frac{\omega_n}{2\pi}\frac{1}{\omega_n}\int_0^{2\pi}\dot{\phi}d\theta \\ &= \frac{1}{2\pi\omega_n m\tilde{X}}\int_0^{2\pi}f(\tilde{X}\sin\theta, \tilde{X}\omega_n\cos\theta)\sin\theta d\theta\end{aligned}\right\}$$
(8.24)

式 (8.24) において，$\dot{\tilde{X}}, \dot{\tilde{\phi}}$ は平均化処理が施された変数を意味する．このように導かれた式 (8.24) を，**平均化方程式**と呼ぶ．ここで，具体的に $f(x,\dot{x}) = k_1\beta x^3$ と与えれば，方程式 (8.19) は式 (8.1) のダッフィング方程式となる．この場合について，平均化方程式を導いてみる．式 (8.24) より，

$$\left.\begin{aligned}\dot{\tilde{X}} &= -\frac{1}{2\pi\omega_n m}\int_0^{2\pi}f(\tilde{X}\sin\theta, \tilde{X}\omega_n\cos\theta)\cos\theta d\theta = 0 \\ \dot{\tilde{\phi}} &= \frac{1}{2\pi\omega_n m\tilde{X}}\int_0^{2\pi}f(\tilde{X}\sin\theta, \tilde{X}\omega_n\cos\theta)\sin\theta d\theta = \frac{3}{8}\omega_n\beta\tilde{X}^2\end{aligned}\right\}$$
(8.25)

式 (8.25) の第 1 式より，振幅は一定であることがわかる．また，第 2 式において，$\dot{\tilde{\phi}}$ の初期条件を $t=0$ で $\tilde{\phi}=\phi_0$ と与えて積分すると，

$$\tilde{\phi} = \frac{3}{8}\omega_n\beta\tilde{X}^2 t + \phi_0 \tag{8.26}$$

となることから，結果的に式 (8.21) で仮定した近似解はつぎのようになる．

$$x = \tilde{X}\sin(\omega_n t + \tilde{\phi}) = \tilde{X}\sin\left\{\left(1 + \frac{3}{8}\beta\tilde{X}^2\right)\omega_n t + \phi_0\right\} \tag{8.27}$$

式 (8.27) より，この系の固有角振動数 ω は式 (8.28) のように求めることができる．

$$\omega = \left(1 + \frac{3}{8}\beta\tilde{X}^2\right)\omega_n = \omega_n\sqrt{\left(1 + \frac{3}{8}\beta\tilde{X}^2\right)^2} = \omega_n\sqrt{1 + \frac{3}{4}\beta\tilde{X}^2 + \left(\frac{3}{8}\beta\tilde{X}^2\right)^2} \quad (8.28)$$

式 (8.28) の根号内で第 3 項目を省略すれば，式 (8.6) および式 (8.18) に一致する．続いて，平均化方程式を利用して，式 (8.19) と等価な線形系の式を導いてみる．等価減衰係数を c_e，等価ばね定数を k_e として，運動方程式をつぎのようにおく．

$$m\ddot{x} + c_e\dot{x} + k_e x = 0 \quad (8.29)$$

すると，式 (8.19) と式 (8.29) との比較より，$f(x, \dot{x}) = c_e\dot{x} + (k_e - k_1)x$ と書き表すことができるので，これを式 (8.24) の平均化方程式に代入すると，

$$\left.\begin{aligned}\dot{\tilde{X}} &= -\frac{1}{2\pi\omega_n m}\int_0^{2\pi}\left\{c_e\tilde{X}\omega_n\cos\theta + (k_e - k_1)\tilde{X}\sin\theta\right\}\cos\theta d\theta = -\frac{c_e\tilde{X}}{2m} \\ \dot{\tilde{\phi}} &= \frac{1}{2\pi\omega_n m\tilde{X}}\int_0^{2\pi}\left\{c_e\tilde{X}\omega_n\cos\theta + (k_e - k_1)\tilde{X}\sin\theta\right\}\sin\theta d\theta = \frac{(k_e - k_1)}{2\omega_n m}\end{aligned}\right\} \quad (8.30)$$

となる．式 (8.30) と式 (8.24) を比較することにより，等価減衰係数 c_e，等価ばね定数 k_e はそれぞれつぎのように求めることができる．

$$c_e = \frac{1}{\pi\omega_n\tilde{X}}\int_0^{2\pi} f(\tilde{X}\sin\theta, \omega_n\tilde{X}\cos\theta)\cos\theta d\theta \quad (8.31)$$

$$k_e = k_1 + \frac{1}{\pi\tilde{X}}\int_0^{2\pi} f(\tilde{X}\sin\theta, \omega_n\tilde{X}\cos\theta)\sin\theta d\theta \quad (8.32)$$

例題 1

クーロン摩擦が作用する 1 自由度振動系 (3 章の図 3.18) について，平均法を用いて系の運動を求めよ．また，等価減衰係数 c_e，等価ばね定数 k_e を求めよ．

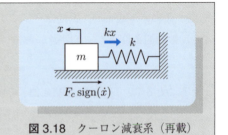

図 3.18 クーロン減衰系 (再掲)

解答 運動方程式は，
$$m\ddot{x} + kx + F_c \operatorname{sign}(\dot{x}) = 0$$
より，
$$f(x, \dot{x}) = F_c \operatorname{sign}(\dot{x}) = F_c \frac{\dot{x}}{|\dot{x}|}$$
であるから，
$$\frac{d\tilde{X}}{dt} = -\frac{1}{2\pi\omega_n m} \int_0^{2\pi} F_c \frac{\omega_n \tilde{X} \cos\theta}{|\omega_n \tilde{X} \cos\theta|} \cos\theta d\theta = -\frac{2F_c}{\pi\omega_n m}$$

$$\frac{d\tilde{\phi}}{dt} = 0$$

初期条件を $t=0$ で，$\tilde{X} = x_0$, $\tilde{\phi} = \phi_0$ とすると
$$\tilde{X} = x_0 - \frac{2F_c}{\pi\omega_n m} t, \quad \tilde{\phi} = \phi_0$$
したがって，運動は
$$x = \left(x_0 - \frac{2F_c}{\pi\omega_n m} t\right) \sin(\omega_n t + \phi_0)$$
となる．さらに，等価減衰係数 c_e, 等価ばね定数 k_e は
$$c_e = \frac{1}{\pi\omega_n \tilde{X}} \int_0^{2\pi} F_c \frac{\omega_n \tilde{X} \cos\theta}{|\omega_n \tilde{X} \cos\theta|} \cos\theta d\theta = \frac{4F_c}{\pi\omega_n X}$$

$$k_e = k + \frac{1}{\pi\tilde{X}} \int_0^{2\pi} F_c \frac{\omega_n \tilde{X} \cos\theta}{|\omega_n \tilde{X} \cos\theta|} \sin\theta d\theta = k$$
と求まる．　　　□

8.3 非線形系の強制振動

8.3.1 調和バランス法による近似解と応答曲線

以下のダッフィング系の強制振動を考える．
$$m\ddot{x} + k_1 x + k_3 x^3 = F \cos\omega t \tag{8.33}$$
式 (8.33) の解を，基本波のみ考慮して以下のようにおく．
$$x = A \cos\omega t \tag{8.34}$$

これを式 (8.33) に代入し，$\cos 3\omega t$ の項を無視して調和バランス法を適用すると，

$$\left\{-m\omega^2 + k_1\left(1 + \frac{3}{4}\beta A^2\right)\right\}A = F, \quad \beta = \frac{k_3}{k_1} \tag{8.35}$$

式 (8.35) は A に関して 3 次式なので，A の解を簡単には求められないが，つぎのように 2 つの関数に分けて考えれば A と ω の関係が得られる．式 (8.35) より，

$$1 - \left(\frac{\omega}{\omega_n}\right)^2 + \frac{3}{4}\beta A^2 = \frac{\delta}{A}, \quad \delta = \frac{F}{k_1}, \; \omega_n = \sqrt{\frac{k_1}{m}} \tag{8.36}$$

式 (8.36) の左辺，右辺をそれぞれ，

$$f_1(A) = 1 - \left(\frac{\omega}{\omega_n}\right)^2 + \frac{3}{4}\beta A^2, \quad f_2(A) = \frac{\delta}{A} \tag{8.37}$$

とおくと，$f_1(A)$ と $f_2(A)$ との交点が式 (8.35) の解である．

$f_1(A)$ と $f_2(A)$ の交点を図 8.3(a) に，これに基づいて描いたダッフィング系の応答曲線を図 8.3(b) に示す．図 8.3(b) の破線は**背骨曲線** (back bone curve) と呼ばれ，自由振動の場合に得られる振幅 A と固有振動数 ω との関係式 (8.6) から描かれる．応答曲線は背骨曲線を中心に，線形系の場合の曲線が傾いた形をとる．

$\omega > \omega_2$ では 1 つの ω に対して 3 個の解が存在するが，このうち A' の解は不安定であり実際には現れない．このように，非線形系では外力の振動数が 1 つ

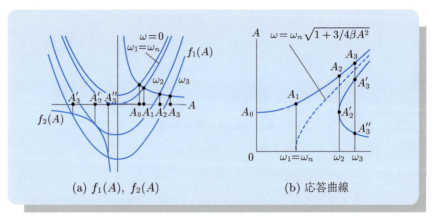

図 8.3 ダッフィング系 ($\beta > 0$) の応答曲線

8.3 非線形系の強制振動

でも複数の解が現れ，あるものは不安定解となり定常振動は存在しない．また，安定解のうち，どちらが現れるかは初期条件に依存する．

減衰がある場合の系では外力との位相差を考慮して系を以下のようにおく．

$$m\ddot{x} + c\dot{x} + k_1 x + k_3 x^3 = F\cos(\omega t - \phi) \tag{8.38}$$

解を，$x = A\cos\omega t$ とおいて式 (8.38) に代入し，$\cos 3\omega t$ の項を無視すると，

$$\left\{-m\omega^2 + k_1\left(1 + \frac{3}{4}\beta A^2\right)\right\} A\cos\omega t - c\omega A\sin\omega t$$
$$= F\cos\phi\cos\omega t + F\sin\phi\sin\omega t \tag{8.39}$$

式 (8.39) において，$\cos\omega t, \sin\omega t$ の係数比較を行うと，

$$\left.\begin{array}{l}\left\{-m\omega^2 + k_1\left(1 + \dfrac{3}{4}\beta A^2\right)\right\} A = F\cos\phi \\ -c\omega A = F\sin\phi\end{array}\right\} \tag{8.40}$$

式 (8.40) より $\sin\phi, \cos\phi$ を消去すると，

$$A^2\left[\left\{1 - \left(\frac{\omega}{\omega_n}\right)^2 + \frac{3}{4}\beta A^2\right\}^2 + 4\zeta^2\left(\frac{\omega}{\omega_n}\right)^2\right] = \left(\frac{F}{k_1}\right)^2 \tag{8.41}$$

これより，

$$A = \frac{\delta}{\sqrt{\left\{1 - \left(\dfrac{\omega}{\omega_n}\right)^2 + \dfrac{3}{4}\beta A^2\right\}^2 + \left(2\zeta\dfrac{\omega}{\omega_n}\right)^2}}, \quad \delta = \frac{F}{k_1} \tag{8.42}$$

式 (8.42) より，減衰がある場合の系の応答曲線を描くと図 8.4 のようになる．

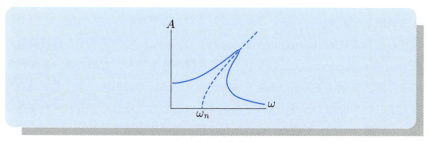

図 8.4 減衰系の応答曲線 ($\beta > 0$)

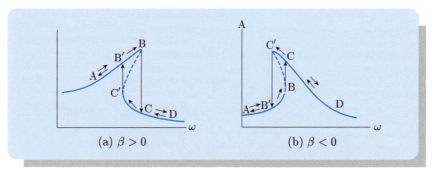

図 8.5 外力振動数の変化による非線形振動系の跳躍および履歴現象

図 8.5 は，β が正の場合（ハードばね）と負の場合（ソフトばね）について，それぞれ応答曲線を描いたものである．外力の振動数 ω を上昇させていくとき，応答は A → B → C → D となり，反対に ω を下降させていくときには D → C′ → B′ → A をたどり，それぞれ B–C, C′–B′ の間で急激に振幅が変化する．これを**跳躍現象** (jump phenomena) という．また，外力の振動数 ω の上昇，下降時に応答の経路が異なる現象を**振動履歴現象** (hysteresis) と呼ぶ．$\beta > 0$ のハードばね系では上昇時に，$\beta < 0$ のソフトばね系では下降時にそれぞれ大きい振幅となり，振幅の変化も大きくなるため注意を要する．

なお，応答曲線のうち，波線で示した B–C′ 部分は不安定解であり，実際は現れない．また，現実には B–B′ 部分あるいは C–C′ 部分も不安定となりやすく，外乱があると他方の解へ飛び移る．

8.3.2 分数調波共振と高調波共振

図 8.4 または図 8.5 において，線形固有角振動数 ω_n 付近で生じる共振のことを**主共振**と呼ぶ．主共振のほかにも n を小さな整数として $\omega \fallingdotseq \omega_n/n$ にて発生する**高調波共振** (harmonic resonance)，$\omega \fallingdotseq n\omega_n$ にて発生する**分数調波共振** (sub-harmonic resonance) などの**副共振**が発生することがある．このときの主な調波成分は主共振の振動数成分であり，系の非線形性によって，系の内部で主共振を励振する調波成分が発生するためと考えられる．これらの解析には，周期解を予想して調和バランス法を用いるのが有効である．

8.3 非線形系の強制振動　　　　189

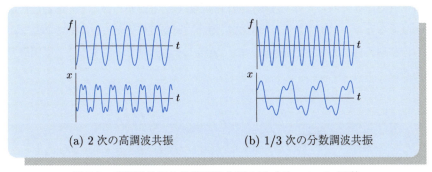

　　(a) 2次の高調波共振　　　(b) 1/3次の分数調波共振

図 8.6　高調波共振と分数調波共振の例（ダッフィング系）

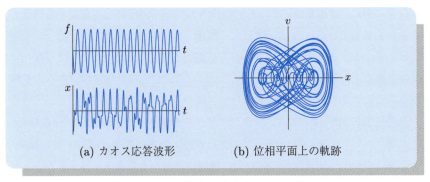

　　(a) カオス応答波形　　　　(b) 位相平面上の軌跡

図 8.7　カオス振動の例（ダッフィング系）

　高調波，分数調波の例を図 8.6 に示す．図 8.6(a) では，応答に含まれる主要な振動数成分は外力と同じであるが，その 2 倍の振動数成分も含んでおり，2 次の高調波共振が生じていることがわかる．一方，図 8.6(b) は分数調波共振の例であるが，外力 3 周期分を 1 周期とする振動，つまり，外力振動数の 1/3 の成分を含む振動（1/3 次分数調波）が生じている．

8.3.3　カオス振動

　系の非線形性が大きい場合，系に作用する外力の波形とは全く異なる不規則な応答が生じることがある．この現象は**カオス** (chaos) と呼ばれ，非線形系でのみ観察される．ここでは現象の紹介にとどめ，詳細は省略する．

　図 8.7 にカオス振動の例を示す．これは，ダッフィング系 ($\beta > 0$) に関して

得られた応答であり，外力波形は調和的であるにもかかわらず，応答波形は一見するとランダムである．カオス振動は，運動方程式が決定論的でありながら，初期条件に大きく依存するため，実際上その運動を予測することは困難である．

8.4 自励振動系

系の非線形性のために，外部から周期的外力を受けずに定常的な振動が起こる場合がある．このような振動を**自励振動** (self-excited vibration) という．これは系の中に，非振動的エネルギを振動的エネルギに変換して発振する機構と，振動がある程度大きくなると減衰する機構とが共存することから起こる．実際には，振幅が大きくなると何らかの抑制機構が働くことが多いので，系の中に発振機構があると自励振動が起こることになる．自励振動は摩擦がある系や熱，流体系で起こる例が多い．以下は自励振動が発生する例である．

自励振動の例：バイオリンの音，ブレーキの鳴き，切削機械のびびり振動，
　　　　　　　　ポンプのサージング，管路・弁系の振動，流力不安定振動，
　　　　　　　　ボイラーの釜なり，沸騰にともなう振動，生体リズム，など．

8.4.1 線形系の自励振動

線形の1自由度粘性減衰系について考える．すでに学んだように，自由振動の運動方程式は，

$$m\ddot{x} + c\dot{x} + kx = 0 \tag{8.43}$$

であり，その一般解は，C, D を任意定数として，

$$x = e^{-\varepsilon t}(C\cos\omega_d t + D\sin\omega_d t), \quad \varepsilon = \frac{c}{2m}, \omega_d = \omega_n\sqrt{1-\zeta^2} \tag{8.44}$$

と表された．この解は時間とともに減衰し，やがて振動系は静止する．

つぎに，減衰項が負の場合について考え，運動方程式をつぎのように表す．

$$m\ddot{x} - c\dot{x} + kx = 0 \tag{8.45}$$

式 (8.45) の解は明らかに，

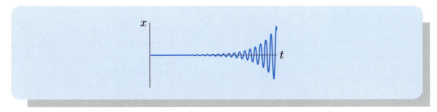

図 8.8 負性減衰を有する線形系の自励振動

$$x = e^{\varepsilon t}(C\cos\omega_d t + D\sin\omega_d t) \tag{8.46}$$

となる．このとき，指数部 εt は正なので，変位 x は時間とともに指数関数的に増大する．その様子を図 8.8 に示す．

式 (8.45) で表されるモデルは単純であるが，自励振動の本質を説明している．つまり，自励振動では，振動的な外力の作用がなくても微小な外乱により負の減衰機構が働き，変位はひとりでに成長する．また，自励振動では，運動を持続させる力はその運動が止まれば消失するので，発生しないときは全く振動しない．

8.4.2 非線形系の自励振動

自励振動を起こす振動系として，次式で示される**ファンデルポール方程式** (van der Pol equation) を考える．

$$\ddot{x} - \mu(1-x^2)\dot{x} + x = 0, \quad \mu > 0 \tag{8.47}$$

この系では振動が小さいときは x^2 の項は微小であり負性の減衰抵抗となり発振する．しかし，振動が発散して大きくなると x^2 の項が大きくなって正の減衰抵抗となって振動を抑制する．結局，正と負の減衰が釣り合って，ある振幅の振動が持続すると考えられる．このような定常振動を**リミットサイクル** (limit cycle) という．式 (8.47) において $\mu = 0.1$ とし，初期変位が小さい場合と大きい場合の振動波形の例を図 8.9 に示す．いずれも時間とともに，振幅がほぼ一定の定常振動に収束している様子がわかる．

リミットサイクル時の定常振幅を，等価線形化法により予測してみる．

式 (8.7) において $m = 1$, $f(x, \dot{x}) = -\mu(1-x^2)\dot{x} + x$ とおき，振動系の周期解は線形の固有角振動数 $\omega_n (= 1)$ に近い振動として，つぎのように仮定する．

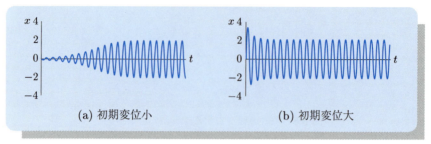

図 8.9 ファンデルポール方程式の解 ($\mu = 0.1$)

$$x = a\cos\theta, \quad \dot{x} = -a\omega_n \sin\theta, \quad \theta = \omega_n t + \phi \tag{8.48}$$

非線形関数 $f(x,\dot{x}) = f(a\cos\theta, -a\omega\sin\theta)$ を周期関数とみなし，式 (8.14) を用いて等価ばね定数 k_e，等価減衰係数 c_e を求めると，

$$\left.\begin{array}{l} k_e = \dfrac{1}{\pi a}\displaystyle\int_0^{2\pi} f(a\cos\theta, -a\omega_n\sin\theta)\cos\theta\, d\theta = 1 \\[2mm] c_e = -\dfrac{1}{\pi a\omega_n}\displaystyle\int_0^{2\pi} f(a\cos\theta, -a\omega_n\sin\theta)\sin\theta\, d\theta = \mu\left(\dfrac{a^2}{4} - 1\right) \end{array}\right\} \tag{8.49}$$

式 (8.49) より，式 (8.47) の線形化方程式は，

$$\ddot{x} + \mu\left(\dfrac{a^2}{4} - 1\right)\dot{x} + x = 0 \tag{8.50}$$

と書ける．

ここで，等価減衰係数 c_e は振幅 a に依存し，その大きさによって正負の符号が決まる．つまり，正の減衰と負の減衰とが釣り合うような振幅 a の値は，等価減衰係数 c_e がゼロの場合に相当するので，ファンデルポール方程式におけるリミットサイクル時の定常振幅は結果的につぎの値となる．

$$\dfrac{a^2}{4} = 1, \quad a = 2 \tag{8.51}$$

8.5 係数励振系

系の運動方程式に含まれる係数(質量,減衰係数,ばね定数)が時間の周期関数となるとき,外力項としての力が作用しないにもかかわらず,ある条件下で系が発振する場合がある.このような系に発生する振動を**係数励振振動** (parametric excitation) という.

係数励振振動が生じる例として,漕ぎ手が身体の重心を上下移動することにより生じるブランコの振動,支点が上下運動する振り子の振動,軸力が変動する弦の横振動などがあげられる.

係数励振系の例として,図 8.10 に示すように,質量 m の質点が取り付けられ,その張力 T が調和関数的に変化する弦の振動を考える.

質点の変位 x は弦の全長 l に比べて十分小さいと仮定すると,弦がその張力 T によって質点に与える復元力は,

$$2T \sin\left(\tan^{-1} \frac{2x}{l}\right) \cong \frac{4T}{l} x \qquad (8.52)$$

つぎに,弦の張力が基準値 T_0 から変動するとして,$T = T_0 + \Delta T \sin \omega t$ と与え,式 (8.52) を踏まえて運動方程式を導出するとつぎのようになる.

$$m\ddot{x} + \frac{4T_0}{l}\left(1 + \frac{\Delta T}{T_0} \sin \omega t\right) x = 0 \qquad (8.53)$$

ここで,$4T_0/l = k$,$\Delta T/T_0 = \kappa$ とおくと,式 (8.53) はつぎのように書きかえられる.

$$m\ddot{x} + k(1 + \kappa \sin \omega t)x = 0 \qquad (8.54)$$

式 (8.54) の形式で表される方程式を**マシュー方程式** (Mathieu's equation) と

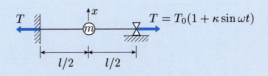

図 8.10 張力の変化する弦のモデル

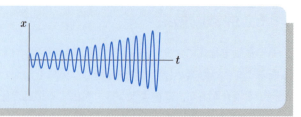

図 8.11 $\omega \cong 2\sqrt{k/m}$ の場合に発生する係数励振振動

呼ぶが,一般に,この方程式を解析的に解くことは難しい.

パラメータの変化を表す振動数 ω が適当な条件を満たすとき,係数励振振動が発生する.図 8.11 は,弦のモデルについて,$\omega \cong 2\sqrt{k/m}$(系の固有角振動数の 2 倍)での係数励振振動を数値計算によって求めた例である.また,発生する振動の振動数は,系の固有角振動数にほぼ一致する特徴を有する.

8.6 位相平面解析

微分方程式の一般解を求め,初期条件を考慮することにより,時間軸に対する系の運動(x の変位)を求めることができるが,方程式の解を x–$\dot{x}$ 平面上の曲線として幾何学的に捉えると,系の運動の特徴や全体像が明らかになって便利な場合がある.また,方程式の解析解が得られない場合にも,運動の定性的把握をするのに有効な手段となる.本節ではその方法について述べる.

8.6.1 位相平面とトラジェクトリ

一般的な形で,1 自由度系の自由振動の運動方程式をつぎのように表す.

$$\frac{d^2x}{dt^2} + f(x, \dot{x}) = 0 \tag{8.55}$$

これは,以下のように表せる.

$$\left.\begin{aligned}\frac{dx}{dt} &= v \\ \frac{dv}{dt} &= -f(x, v)\end{aligned}\right\} \tag{8.56}$$

あるいは一般的に,

8.6 位相平面解析

$$\frac{dx}{dt} = P(x,v), \quad \frac{dv}{dt} = Q(x,v) \tag{8.57}$$

初期条件（初期変位 x_0, 初速度 v_0）を与えれば系の運動は一意に決まり，その運動状態は，変位 x と速度 v を座標軸とする平面上に1つの曲線として表される．このように定義される x–v 平面のことを**位相平面** (phase plane) と呼び，各瞬間の運動状態を表す点 (x,v) を**状態点** (state point) という．

式 (8.57) より，位相平面における解曲線を表す方程式は，

$$\frac{dv}{dx} = \frac{Q(x,v)}{P(x,v)} \tag{8.58}$$

これはまた，解曲線の傾きを表す式でもある．この式を積分し x と y の関係式を求めれば位相平面上の軌跡を描くことができるが，運動方程式の形が複雑でこれが難しい場合には，式 (8.56) を直接数値積分し，初期点 (x_0,v_0) から出発して逐次的に (x,v) を求めればよい．

位相平面における解曲線は**トラジェクトリ** (trajectory) と呼ばれる．解曲線の傾き，式 (8.58) が不定（分母，分子ともに 0）となる点を**特異点** (singular point) と呼ぶ．また，$P(x,v)=0$, $Q(x,v)=0$ の点を**平衡点** (equilibrium point) と呼ぶ．

特異点は平衡点でもある．しかし，平衡点は必ずしも特異点ではない．位相平面における解析では，特異点近傍のトラジェクトリの解析が平衡点の安定性や系全体の解の性質などを知るうえで重要である．

特異点には主なものとして図 8.12 のような種類がある．トラジェクトリが集まってくる特異点は安定な特異点であり，逆に離れていくものは不安定な特異

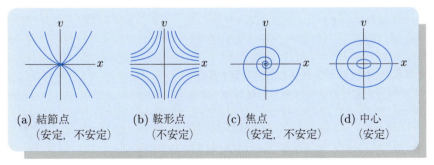

図 8.12 特異点の種類と安定性

点である．もし，任意の点から始まったトラジェクトリが安定な特異点に近づいているならば，この運動は平衡状態に向かっていることを表している．また，トラジェクトリが閉じた曲線となるときは周期運動を意味する．

8.6.2 線形系の自由振動

1自由度線形振動系の自由振動について考えてみる．運動方程式は，

$$\ddot{x} + \omega_n^2 x = 0, \quad \omega_n = \sqrt{\frac{k}{m}} \tag{8.59}$$

式 (8.59) を，式 (8.56) の形式に変換すると，

$$\frac{dx}{dt} = v, \quad \frac{dv}{dt} = -\omega_n^2 x \tag{8.60}$$

式 (8.60) より，x と v の関係は次式となる．

$$\frac{dv}{dx} = -\frac{\omega_n^2 x}{v} \tag{8.61}$$

式 (8.61) を積分すると，

$$v^2 = -\omega_n^2 x^2 + C \tag{8.62}$$

または，

$$\frac{v^2}{\omega_n^2} + x^2 = C' \tag{8.63}$$

を得る．これがトラジェクトリの式となる．なお，C あるいは C' は初期条件によって決まる定数である．式 (8.63) は，図 8.13 に示されるように初期条件によって大きさの異なるさまざまな楕円軌道を描く．

もし，$t = 0$ のとき $x = x_0$, $v = v_0$ とすると，トラジェクトリは座標 (x_0, v_0) から出発して右まわりで回転する楕円となる．トラジェクトリが閉曲線を描いており，運動は周期的であることがわかる．

8.6.3 トラジェクトリとポテンシャル

系にエネルギの出入りのない保存系を考える．

$$m\ddot{x} + f(x) = 0 \tag{8.64}$$

系の全エネルギを E として，ポテンシャルエネルギを $U(x)$ とすると，

8.6 位相平面解析

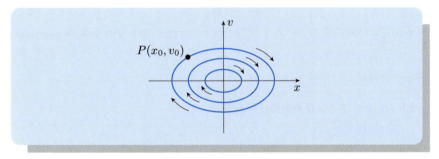

図 8.13　調和振動の位相平面表示

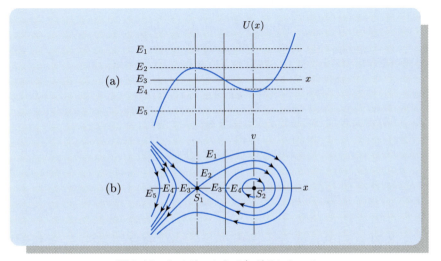

図 8.14　トラジェクトリとポテンシャル

$$\left. \begin{array}{l} \dfrac{1}{2}mv^2 + U(x) = E \\ U(x) = \displaystyle\int f(x)dx \end{array} \right\} \quad (8.65)$$

式 (8.65) より，

$$v = \pm\sqrt{2(E - U(x))/m} \quad (8.66)$$

既知の $U(x)$ を x に関して描き，これと任意の全エネルギ値 E との関係を考えると，式 (8.66) より，概略のトラジェクトリを知ることができる．図 8.14(a),

(b) に一例を示す．図において S_1 は鞍形点，S_2 は中心である特異点である．エネルギ E_2 に対応するようなトラジェクトリを**セパラトリックス** (separatrix) という．これは鞍形点を通るもので，トラジェクトリの特性，つまり系の解の特性を分類する境界線を表す．

8.6.4 ダッフィング系の位相平面解析

以下の方程式で表されるダッフィング系を考える．

$$m\frac{d^2x}{dt^2} + k_1 x + k_3 x^3 = 0 \tag{8.67}$$

ここで，

$$\frac{d^2x}{dt^2} = \frac{dv}{dt} = \frac{dv}{dx}\frac{dx}{dt} = \frac{dv}{dt}v$$

の関係を利用すると，式 (8.67) はつぎのように変形できる．

$$mv\frac{dv}{dx} + k_1 x + k_3 x^3 = 0 \tag{8.68}$$

式 (8.68) を x に関して積分すると，つぎの式を得る．

$$\frac{1}{2}mv^2 + \frac{1}{2}k_1 x^2 + \frac{1}{4}k_3 x^4 = E \tag{8.69}$$

また，式 (8.68) より，

$$\frac{dv}{dx} = -\frac{k_1 x(1 + \beta x^2)}{mv}, \quad \beta = \frac{k_3}{k_1} \tag{8.70}$$

式 (8.69), (8.70) に基づき，β が正の場合と負の場合とについて，それぞれ位相平面を用いて解の特性を考察する．

(1) $\beta > 0$ の場合

式 (8.70) より，特異点は，$(x, v) = (0, 0)$ であることがわかる．また，式 (8.69) より，$\omega_n = \sqrt{k_1/m}$ として，

$$\left. \begin{aligned} v^2 + \omega_n^2 x^2 \left(1 + \frac{\beta x^2}{2}\right) &= \frac{2E}{m} \\ f(x) &= k_1(x + \beta x^3) \\ U(x) &= k_1 x^2 \left(\frac{1}{2} + \frac{1}{4}\beta x^2\right) \end{aligned} \right\} \tag{8.71}$$

特異点 $(0,0)$ は中心であり周期運動のみが起こる．この場合のトラジェクトリ

8.6 位相平面解析

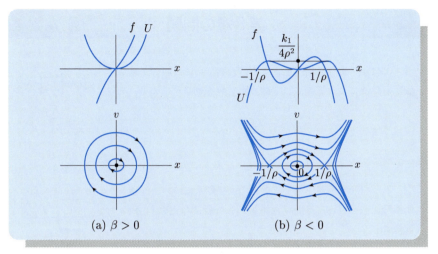

図 8.15 ダッフィング系のトラジェクトリ

を図 8.15(a) に示す.

(2) $\beta = -\rho^2 < 0$ の場合

式 (8.70) より,

$$\frac{dv}{dx} = -\frac{k_1 x(1-\rho^2 x^2)}{mv} \tag{8.72}$$

これより,1 つの中心 $(0,0)$,および 2 つの鞍形点 $(1/\rho, 0)$, $(-1/\rho, 0)$ が特異点として求まる.また,式 (8.69) より,

$$\left.\begin{aligned} v^2 + \omega_n^2 x^2 \left(1 - \frac{\rho^2 x^2}{2}\right) &= \frac{2E}{m} \\ f(x) &= k_1 x(1-\rho^2 x^2) \\ U(x) &= k_1 x^2 \left(\frac{1}{2} - \frac{1}{4}\rho^2 x^2\right) \end{aligned}\right\} \tag{8.73}$$

セパラトリックスはトラジェクトリが鞍形点 $(\pm 1/\rho, 0)$ を通ることから,

$$v = \pm \frac{\omega_n}{\sqrt{2}\rho}(1-\rho^2 x^2) \tag{8.74}$$

周期運動が起こるのは,中心を囲む 2 つのセパラトリックスの間の領域の初期条件を持つ場合に限ることがわかる.$\beta < 0$ の場合のトラジェクトリを図 8.15(b) に示す.

第8章の問題

☐ **1** 図に示すような初圧を有するばね質量系について，等価線形化法により等価ばね定数，固有角振動数を求めよ．

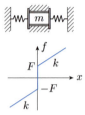

☐ **2** クーロン摩擦が作用する1自由度振動系について，等価線形化法を用いて等価減衰係数 c_e，等価ばね定数 k_e を求めよ．

☐ **3** 初期張力 T_0 で張られる断面積 A，縦弾性係数 E，長さ $2l$ の弦の中央に質量 m が取り付けられている．質量が水平方向に x だけ変位すると弦は $\delta = \sqrt{l^2 + x^2} - l$ だけ伸び，それにともない張力も T から変動する．この場合の質量 m に関する自由振動の運動方程式を適当な近似のもとに導き，方程式がダッフィング型になることを示せ．

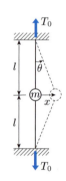

☐ **4** 図に示す単振り子が，その支点で上下方向に周期的加振を受けている．振り子の支点まわりの角変位を θ として，θ に関する運動方程式を導き，その形がマシュー型の係数励振系を表す方程式になることを示せ．

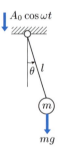

☐ **5** ファンデルポール方程式：
$$\ddot{x} - \mu(1 - x^2)\dot{x} + x = 0$$
の解を，位相平面を用いて考察せよ．

第 9 章
振動計測と動特性解析

　何を目的として振動計測が行われるのか，振動を計測して何がわかるのか，これらのことについて章の最初に述べ，公害振動の測定についても概略を紹介する．つぎに振動を計測するためのセンサおよびその動作原理について説明する．さらに，機械の振動にはその機械系固有の動的特性が含まれていることから，振動を利用して系の動的な特性を求める動特性解析についても簡単にふれる．

9.1 振動計測

9.1.1 振動計測の目的

機械の振動を利用した計測は，専用の機器を用いることなく，私たちの日常生活においてよく行われている．たとえば，洗濯機や冷蔵庫などの振動が大きくなったときにそれらの異常を予知すること，車両や車体などの振動により動力機器の稼動を知ることなどがあげられる．一般に振動の振幅や振動数を知ることだけを目的として振動の計測が行われることは少なく，振動を計測することによって機械の運転状態を予測するために振動の計測が行われることが多い．

振動計測の目的を分類すると，以下のようになる．

(1) **振動状態の把握と異常診断**

振動を計測して機械の運転状況を予測する．特に機械の振動を常時計測して運転状況を観察することを**モニタリング**という．このことによって経時的に振幅が増大するような場合に機械の異常や破損を予知することができる．

(2) **振動原因の探索**

振動をもたらす機器や原因を究明する．

(3) **規制値チェック**

振動公害やその対策として振動を測定し，振動規制値との比較を行う．公害振動の測定機器として振動レベル計が用いられる．

以上のことは，どちらかといえば振動の振幅や振動数そのものから判断される事柄であるが，その他として機械の振動を計測してそのデータを解析することにより，その機械の動特性，すなわち固有振動数，固有モード，減衰特性，伝達関数を知ること，さらに機械の動的設計のための解析モデルを作成することなどが多く行われている．これについては 9.2 節の動特性解析のところで述べる．

9.1.2 振動計測

機械振動を計測する場合には，振動している機械の変位，速度，加速度のいずれかを測定する．それぞれに対してセンサが用意されているが，それらの動作原理については 9.1.4 項にて述べる．ほとんどの場合には時間とともに変動する変位，速度，加速度，すなわちそれぞれの時間応答を測定することが可能

9.1 振動計測

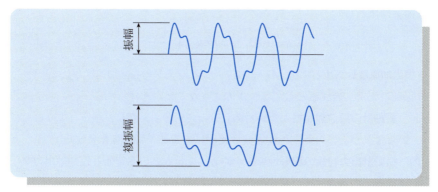

図 9.1 振幅と複振幅

で，その出力からオシロスコープなどによって振動波形を観察することができる．振動の計測においては振動の波形そのものを測定することよりも，振動の周波数分析によって振動数成分の大きさや振動数の分布状態を測定することが行われている．これには **FFT**（**高速フーリエ変換**）アナライザが使用されており，容易にそのような解析ができる．さらに FFT アナライザを使用して機械系の固有振動数，固有モードおよび伝達関数などの動特性の計測を行うことが可能である．

振動の大きさを計測するとき，図 9.1 に示す定常的な振動，すなわち一定の波形が繰り返すような場合には，振幅または**複振幅**（**p–p 振幅**）で表すことが普通である．複振幅による測定は振動の中心が不明なときに便利である．複雑な波形の振動や一定の波形が繰り返さない非定常な振動の場合には，次式に示す**実効値** (**rms**) を用いて表すことが行われている．

$$X_{\mathrm{rms}} = \sqrt{\frac{1}{T}\int_0^T x^2 dt} \tag{9.1}$$

たとえば $x = X\sin\omega t$ の実効値は $X/\sqrt{2}$ である．ここに x は，変位，速度，加速度のどれでもよい．振幅の広い範囲で測定を行う場合には，つぎのように実効値を基準値 X_0 で割り，常用対数をとって 20 倍したレベル値を使用する．

$$L\,[\mathrm{dB}] = 20\log_{10}\left(\frac{X_{\mathrm{rms}}}{X_0}\right) \tag{9.2}$$

これを**デシベル**と呼び，単位は [**dB**] で表す．x が加速度の場合，A_{rms} を加速

度の実効値として,

$$L_\text{accel}\,[\text{dB}] = 20\log_{10}\left(\frac{A_\text{rms}}{A_0}\right) \quad (9.3)$$

を**振動加速度レベル**と呼び, $A_0 = 10^{-5}\,\text{m/s}^2$ を基準の振動加速度として用いる.
振動の測定上の注意としてはつぎのようなことがあげられる.
(1) **振動計の周波数特性**が測定対象に合っているか. 特に, 測定しようとしている振動が計器の測定可能周波数範囲にあることに注意を要する.
(2) **振動計出力特性の線形性**を確かめる. 変位などの測定値と振動計出力電圧が非線形の場合, または出力電圧に上限値・下限値がある場合がある.
(3) **センサの取付け方法**が間違っていないか. 振動の方向とセンサの測定方向が一致していること, センサの固定方法などを確かめる必要がある.
(4) センサを測定物に固定して使用する場合, **センサの質量**が測定に影響を及ぼさない程度であることを確認する.

9.1.3 公害振動の測定

工場・事業場, 建設作業, 道路交通から発生する振動を規制するために**振動規制法**(1976 年 12 月 1 日施行) が設けられている. 鉛直方向の振動を評価対象としており, 人間の鉛直方向の振動感覚を模したフィルタを通して振動加速度 a_F を測定する. 図 9.2 にそのフィルタ特性を示す. その実効値 A_Frms から

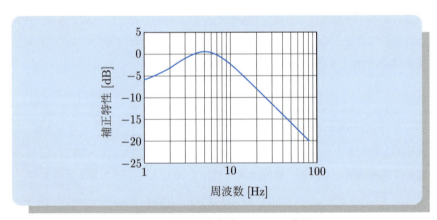

図 9.2 鉛直振動感覚のフィルタ特性

9.1 振動計測

式 (9.3) と同じようにレベル値を求めると，

$$L_\mathrm{V} = 20 \log_{10} \left(\frac{A_\mathrm{Frms}}{A_0} \right) \tag{9.4}$$

これを**振動レベル**と呼び，人体の全身に対する振動評価として用いる．振動レベルを測定する機器として振動レベル計が準備されている．公害振動では，工場・事業場，建設作業現場，道路の敷地境界において，水平な固い場所にセンサを設置して振動レベルを測定する．測定値が変動しなければその値を用い，周期的または間欠的に変動する場合はその変動ごとの最大値を平均する，さらに不規則かつ大幅に変動する場合の測定法，などが定められている．

ある地点において振動レベルを測定するとき，測定対象の振動以外の振動も含まれることがあり，これを補正する必要が生じる．測定対象の振動がないときの振動を**暗振動**と呼ぶ．測定対象の振動を含む振動レベルと暗振動の振動レベルの差から表 9.1 に従って補正値が得られる．測定対象の振動を含む振動レベルからこの補正値を引くことにより，暗振動の補正がなされた振動レベルが得られる．

振動レベルの規制値として，ここでは特定工場の規制基準を紹介する．特定工場とは著しく振動を発生する施設を設置する工場であり，あらかじめ市町村長に届出をする必要がある．そして敷地境界において表 9.2 に示す規制基準を超えてはいけない．規制基準に幅があるのは，都道府県知事がこの幅の範囲で具体的な規制基準を決定するようになっているからである．人間は 60 dB を超えたあたりから振動を感じるといわれており，この値付近が規制基準になって

表 9.1 暗振動の補正

振動レベルの差	3dB	4dB	5dB	6dB	7dB	8dB	9dB
補正値	3dB	2dB	2dB	1dB	1dB	1dB	1dB

表 9.2 特定工場に対する振動レベルの規制基準

区域の区分	時間の区分	
	昼 間	夜 間
第 1 種区域	60dB 以上 65dB 以下	55dB 以上 60dB 以下
第 2 種区域	65dB 以上 70dB 以下	60dB 以上 65dB 以下

いる．第 1 種区域は住居地域，第 2 種区域は商工業地域で，都道府県知事が指定する．昼間，夜間の時間帯も都道府県知事が指定し，昼間は「午前 5 時，6 時，7 時または 8 時から午後 7 時，8 時，9 時または 10 時まで」となっており，夜間は昼間以外の時間帯である．

9.1.4 振動計の原理

機械振動の計測において，振動の変位，速度，加速度を測定するための各種振動計がある．測定物に固定して用いる**サイズモ振動計**，測定物外の不動点に設置して測定する**不動点振動計**がある．

(1) 変位計

変位の測定において，測定物に固定して使用するサイズモ振動計の原理を図 9.3 に示す．この振動計は 1 自由度振動系の変位による強制振動応答を利用したもので，この応答については 4.6 節に記述してある．ここでは変位計としての原理を説明し，簡単のため減衰を考慮しない．振動計内の質量に関する運動方程式はつぎのようになる．

$$m\ddot{x} + ky = 0 \tag{9.5}$$

測定物が $a\sin\omega t$ で振動しているならば，

$$u = x - y = a\sin\omega t \tag{9.6}$$

式 (9.5) と式 (9.6) から相対変位 y に関する運動方程式はつぎのようになる．

$$m\ddot{y} + ky = ma\omega^2 \sin\omega t \tag{9.7}$$

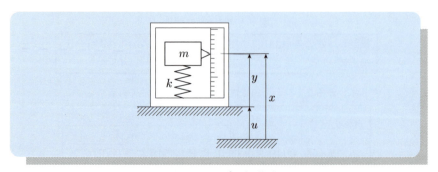

図 9.3 サイズモ振動計

したがって y の強制振動解は次式から得られる．

$$y = \frac{a(\omega/\omega_n)^2}{1-(\omega/\omega_n)^2}\sin\omega t \tag{9.8}$$

ここで $\omega/\omega_n \gg 1$，すなわち $\omega \gg \omega_n$ のとき，近似的に次式が成り立つ．

$$y \cong -a\sin\omega t = -u \tag{9.9}$$

振動計内の質量の変位を測定し，それに負符号を付ければ，それが測定物の振動変位になる．固有振動数を微小にする必要があるため，この種の振動計は装置が大きくなり，一般に機械振動の測定に用いることは少ないようである．

不動点振動計のうち非接触式のセンサは比較的よく使用され，非接触変位計と呼ばれる．測定方式別にうず電流式，レーザ式，静電容量式などがあり，用途に応じて選択される．うず電流式は図 9.4 に示すように，センサ内のコイルに高周波電流を流すことによって発生する測定物内のうず電流により，コイルと測定物の距離が変化するに従いコイルのインピーダンス（インダクタンス）が変化することを利用している．レーザ式は図 9.5 に示すようにレーザによる反射光の変動を測定することによって測定物の変位を知ることができる．その他として，ターゲットの像変動を電気的に変換することにより，面内での変動を測定することのできる光学式，レーザの干渉を利用して物体面の変動量を二次元的に測定することの可能なホログラフィ式がある．

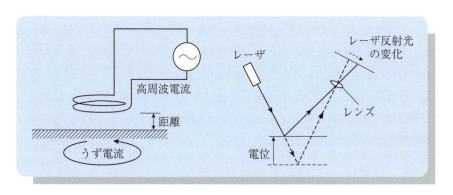

図 9.4　うず電流式変位計　　　　図 9.5　レーザ変位計

(2) 速度計

速度の測定における代表的なものとして動電形振動計があげられる．これは磁界内で移動するコイルに，速度に依存した起電力が発生することを利用したものである．図 9.3 の振動計内の質量をコイルとし，それが永久磁石の磁界中に存在するとき，コイルの速度に比例する電圧が得られる．この電圧を測定することにより測定物の速度を検出することができる．ピックアップの質量は小さなものでも 100 g 以上あるので，大型の回転機械などの振動計測に用いられている．不動点振動計としてはレーザドップラ式がある．これは，移動物体に照射されて反射したレーザ光の周波数が移動速度と比例して変化する現象，いわゆるドップラ効果を利用したものである．

(3) 加速度計

動作原理として加速度を非接触で測定できるものはなく，サイズモ振動計の原理を利用したものだけがある．図 9.3 に示したように変位の測定の場合には振動計内の質量の変位を測定したが，ここでは振動計内のばねの復元力を測定する場合を考える．復元力は式 (9.8) から次式で与えられる．

$$ky = \frac{ma\omega^2}{1-(\omega/\omega_n)^2}\sin\omega t \tag{9.10}$$

$\omega/\omega_n \ll 1$，すなわち $\omega \ll \omega_n$ のとき，近似的に次式が成り立つ．

$$ky \cong ma\omega^2 \sin\omega t = -m\ddot{u} \tag{9.11}$$

したがって測定された復元力を振動計内の質量 m で割り，負符号を付けることによって測定物の加速度を得ることができる．復元力の測定には，力を加えると電荷を生じる性質を持つ圧電素子を利用するもの，ひずみゲージによって測定されるひずみから力を求めるものなどがある．図 9.6 に圧電素子をばねとして使用した場合の構造例を示す．圧電素子の場合，変動しない一定の加速度は測定できないので注意を要する．

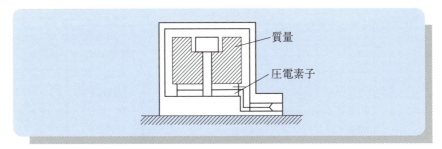

図 9.6 圧電素子型加速度センサ

9.2 動特性解析

9.2.1 動特性

機械の振動を測定する場合，その測定結果には振動源そのものの情報が含まれているのと同時に，機械の動的な特性も含まれている．このため，機械を故意に加振し，その応答から機械の動的な特性を測定することも行われている．動的な特性としては，固有振動数，固有モード，減衰特性，モード質量，モード剛性，伝達関数などがあげられ，これらを**動特性**と呼ぶことがある．固有振動数は，自由振動応答を周波数分析することによって比較的簡単に測定することができるが，その他の動特性は以降に述べるモード解析手法を用いる必要がある．特に伝達関数はすべての動特性を網羅するものである．

ある振動系の q 点に対する加振力を $f_q(t)$，そのときの p 点における変位応答を $x_p(t)$ とし，それぞれつぎのフーリエ変換を施す．

$$X_p(\omega) = \int_{-\infty}^{\infty} x_p(t) e^{-j\omega t} dt \tag{9.12}$$

$$F_q(\omega) = \int_{-\infty}^{\infty} f_q(t) e^{-j\omega t} dt \tag{9.13}$$

これは時間領域から周波数領域への変換を意味している．周波数領域上での両者の関係は次式のようになる．

$$X_p(\omega) = G_{pq}(\omega) F_q(\omega) \tag{9.14}$$

ここに $G_{pq}(\omega)$ は q 点の加振力と p 点の応答を関係付ける関数で**伝達関数**と呼

表 9.3 伝達関数

伝達関数	定義式
コンプライアンス (compliance)	変位／力
モビリティ (mobility)	速度／力
アクセレランス (accelerance)	加速度／力
動剛性 (dynamic stiffness)	力／変位
機械インピーダンス (mechanical impedance)	力／速度
動質量 (dynamic mass)	力／加速度

ばれ，6.5 節で述べた式 (6.47) と同じものである．式 (9.14) より，

$$G_{pq}(\omega) = \frac{X_p(\omega)}{F_q(\omega)} \tag{9.15}$$

したがって，この伝達関数は任意の振動数成分に対する変位と加振力の振幅比を表しており，**コンプライアンス**という（1 自由度系については 4.9.2 項参照）．応答には変位，速度，加速度があり，それぞれに対して伝達関数が定義されている．それらを表 9.3 に示す．式 (6.47) で示したコンプライアンスは不減衰系の場合であり，一般的な粘性減衰を持つ多自由度系のコンプライアンスは次式のようになる．

$$G_{pq}(\omega) = \sum_{r=1}^{n} \left\{ \frac{A_{pq}^{(r)}}{j(\omega - \omega_{dr}) + \sigma_r} + \frac{A_{pq}^{(r)*}}{j(\omega + \omega_{dr}) + \sigma_r} \right\} \tag{9.16}$$

∗ は共役複素数を表す．$-\sigma_r \pm j\omega_{dr}$ は r 次の**複素固有値**，$A_{pq}^{(r)}$ は r 次の**レジデュ** (residue) である．モード解析において，ω_{dr}, σ_r, $A_{pq}^{(r)}$ は**モーダルパラメータ** (modal parameter) といわれている．

伝達関数を図示する場合，**ボード線図** (Bode diagram)，**コクアド線図** (co-quad diagram)，**ナイキスト線図** (Nyquist diagram) を用いる方法がある．式 (9.16) からもわかるように，一般に伝達関数は複素関数になる．ボード線図は，伝達関数の大きさ $|G_{pq}|$ と位相 $\tan^{-1}(\mathrm{Im}[G_{pq}]/\mathrm{Re}[G_{pq}])$（Re は実部，Im は虚部を示す）を振動数に対してプロットしたものである．大きさは対数で表すのが普通である．コクアド線図は伝達関数を実部と虚部に分け，それぞれ振動数に対してプロットしたもの，ナイキスト線図は実部を横軸に，虚部を縦軸にとってプロットしたものである．図 5.12 に示した 2 自由度ばね質量系におい

9.2 動特性解析

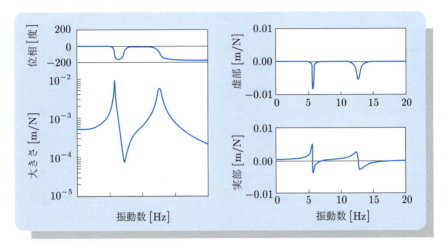

図 9.7 コンプライアンスのボード線図　　図 9.8 コンプライアンスのコクアド線図

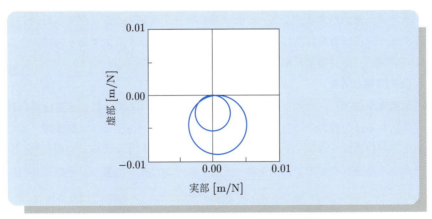

図 9.9 コンプライアンスのナイキスト線図

て，$m_1 = 0.5\,\mathrm{kg}$, $m_2 = 0.4\,\mathrm{kg}$, $k_1 = 2000\,\mathrm{N/m}$, $k_2 = 800\,\mathrm{N/m}$, $\zeta = 0.03$ ($c = 1.52\,\mathrm{N \cdot s/m}$) の場合の m_1 におけるコンプライアンスを，ボード線図，コクアド線図，ナイキスト線図として描いたものをそれぞれ図 9.7～9.9 に示す．図 9.8 のコクアド線図において，実部がゼロになる付近で虚部は極小になり，図 9.7 のボード線図の大きさのピーク付近がそれに相当する．図 9.9 のナイキスト線図において，線上を時計方向に移動する方向が振動数の増加方向であり，大

きな円が 1 次のピーク，小さな円が 2 次のピークを表している．

9.2.2 モード解析

ある構造物のすべてのモーダルパラメータがわかれば，式 (9.16) と式 (9.14) から周波数領域における応答が得られ，それを逆フーリエ変換することによりその構造物の時間応答が求められる．式 (9.16) はモードごとの応答を重ね合わせることを意味しており，このような応答解析を**モード解析** (modal analysis) という．構造物の解析モデルを作成できるならば，6 章のマトリクス振動解析のところで述べたのと同じような方法でモーダルパラメータを解析的に求めることができる．一方，加振実験により式 (9.15) を利用して伝達関数を実験的に求め，それと式 (9.16) との比較からモーダルパラメータを推定（このことを**同定** (identification) という）して応答解析を行うことができる．これを**実験モード解析**ということがある．この実験モード解析によって構造物の固有振動数，固有モード，減衰の大きさなど，いわゆる動特性を測定することができる．

実験モード解析を行うに当たり，伝達関数の測定が不可欠であるので，ここでは実験的に伝達関数を求める方法を順を追って説明する．

(1) 加振と応答

構造物を加振し，そのときの加振力と応答を測定することによって伝達関数が得られる．加振の主な方法としては，**インパクトハンマ**または**加振機**を用いることが行われている．インパクトハンマは図 9.10 に示すように先端に力センサが組み込まれたもので，構造物をたたいて**インパルス加振**し，そのときの加

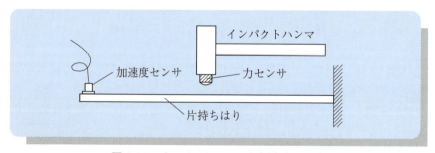

図 9.10　インパクトハンマと加速度センサ
（片持ちはりの伝達関数の測定）

振力も同時に測定される構造になっている．加振機は力センサを介して構造物に取り付けられ，**ランダム加振**または**正弦波掃引加振**に用いられる．応答の測定には加速度計を使用することが多い．図 9.10 はインパクトハンマと加速度計を用い，片持ちはりの伝達関数を測定する実験の概略図である．

(2) サンプリング

加振力と応答の時間的変化は連続量として観察されるが，A/D（アナログ／デジタル）変換器を用いて一定時間間隔でこれらを数値化する．このことを**サンプリング** (sampling) と呼び，一定時間間隔の周波数のことをサンプリング周波数という．サンプリングに際し，サンプリング周波数 f_s は測定対象の最大周波数 f_{max} の 2 倍以上でなければならないことに注意を要する．すなわち，

$$f_s > 2f_{max} \tag{9.17}$$

これを**サンプリング定理**と呼ぶ．一般にノイズなどの影響により測定対象とする最大周波数以上の周波数成分が含まれることが多く，このような場合には存在し得ない周波数成分が測定されることになる．この現象のことをエイリアシング (aliasing) と呼ぶ．これを避けるために測定対象とした最大周波数以上の成分をカットし，それ以下の成分を通過させるローパスフィルタ (low pass filter) を **A/D 変換器**の前に設ける．

(3) フーリエ変換

サンプリングされた加振力と応答の時刻歴データをフーリエ変換する．式 (9.12) と式 (9.13) に示したフーリエ変換は連続量に対するものであり，サンプリングされたデータに対してはつぎの離散フーリエ変換を適用する．

$$X_k = \frac{1}{N} \sum_{i=0}^{N-1} x_i e^{-j2\pi ki/N} \tag{9.18}$$

$$F_k = \frac{1}{N} \sum_{i=0}^{N-1} f_i e^{-j2\pi ki/N} \tag{9.19}$$

$$k = 0, 1, 2, \cdots, N/2$$

x_i, f_i はサンプリングされた応答と加振力の時刻歴データで，i はデータ番号を示し，0 から $N-1$ までの N 個のデータを演算対象とする．X_k, F_k は複素フー

リエ係数であり，その絶対値の2倍が周波数成分の大きさになる．その周波数は $f_s k/N$ で与えられる．式 (9.18) と式 (9.19) は FFT (fast Fourier transform) の手法を用いて計算されることが多い．

フーリエ変換は無限周期の関数に対するものであるが，離散フーリエ変換においては時間を有限に区切るために N 個のデータからなる周期関数とみなされる．N 個のデータの最初と最後のデータがほぼ等しい値であれば周期的な関数になるが，実際にサンプリングされるデータは必ずしもそうではない．このとき周期のつなぎ目においてデータが不連続になり，離散フーリエ変換を行った場合には不連続性の影響が現れる．そこでサンプリングされたデータに重み関数 $w(t)$ を掛け合わせて強制的に周期関数にする操作を行う．この重み関数を**窓関数（ウィンドウ関数）**という．インパクトハンマを用いてインパルス加振を行うときには図 9.11(a) のエクスポネンシャルウィンドウ，加振機を用いる場合には図 9.11(b) のハニングウィンドウが用いられることが多い．

(4) 演算

加振力と応答の離散フーリエ変換された結果に対して式 (9.15) に対応するつぎの演算を行えば伝達関数を求めることができる．

$$G_k = \frac{X_k}{F_k} \tag{9.20}$$

伝達関数としては測定された応答に対応して表 9.1 に示される伝達関数を得ることができるが，加速度の測定からモビリティ，コンプライアンスを導くこともできる．アクセレランス L_k からモビリティ H_k への変換は，積分操作を行うことにより，

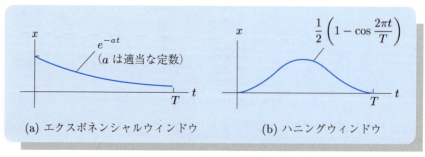

図 9.11 窓（ウィンドウ）関数

9.2 動特性解析

$$H_k = \frac{L_k}{j\omega_k} \tag{9.21}$$

ここに, ω_k は対応する角周波数である. 同様にアクセレランス L_k からコンプライアンス G_k への変換は,

$$G_k = \frac{L_k}{-\omega_k^2} \tag{9.22}$$

(5) 平均化処理

1 回の加振実験から得られた伝達関数は, 実験上の誤差やノイズなどのような偶然の誤差を必ず含むといってよい. このような誤差は数回の加振実験から得られた伝達関数を加算平均することによって取り除かれる. この操作のことを**平均化** (averaging) という.

以上の (1)〜(5) の手順を用い, 図 9.10 に示す片持ちはりの伝達関数について測定した結果を図 9.12 に示す. これは長さ 200 mm, 幅 22 mm, 厚さ 3 mm のリン青銅製の片持ちはりのコンプライアンスのボード線図で, インパクトハンマによって長さ方向の中央を加振し, 同じ位置に加速度センサを取り付けて測定したものである. 2 つのピークが共振点を表し, これから 1 次固有振動数が 43 Hz, 2 次固有振動数が 261 Hz であることがわかる. また 124 Hz には反共振点が存在する. 共振点と反共振点において位相が 180 度変化していることもわかる. なお, 0 Hz にもピークがみられるが, アクセレランスからコンプライアンスに変換するときに式 (9.22) を使用して振動数で割っているため, 0 Hz 付近で値が大きくなってしまう. したがって 0 Hz 付近の測定値には信頼性が少ないことに注意を要する.

実験的に求められた伝達関数に対し, 式 (9.16) の理論的な伝達関数との誤差が最小になるようにモデルパラメータを同定することができる. このことによって構造物の数学モデルが作成され, この構造物と他の構造物とを連結したときの応答を予測するなどの解析に用いることが可能になる. さらに解析では困難な減衰特性のモデル化も可能である. また数箇所の伝達関数を測定することにより, 各モードに関する応答がわかるので, 固有モードの形を推定することができる. コンピュータアニメーションを利用してこれをディスプレイ上に再現し, モードアニメーションとして固有モードを見ることも行われている.

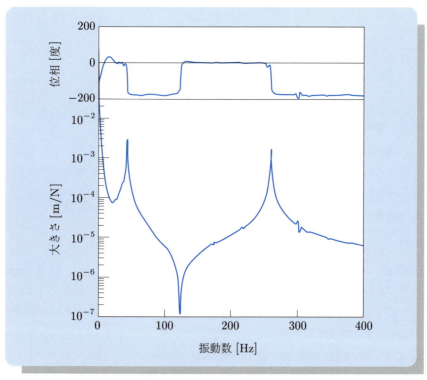

図 9.12 片持ちはりのコンプライアンスの実測結果

第 10 章
音波と騒音

　この章では騒音に関する基礎的事項について学ぶ．音は空気の振動により我々の耳に感じられ，その空気の振動は固体または液体の振動に起因している．最近の動的設計では騒音を下げるために振動を抑制することが多く，振動と音は深く関連している．音は一般には音響学の分野で論じられるが，ここでは音波の基礎的事項と騒音計測について学ぶ．さらに騒音公害，騒音対策についても簡単にふれる．

10.1 音波の基礎

10.1.1 音波の伝播モデル

音波とは大気中を伝わる波動と考えられることが多いが，一般には弾性体中を伝播する波動のことである．大気中の音波のうち人間が感じることのできるものを音という．音の発生には，振動体から放射される音のように固体の振動が原因すること，笛の音のように空気流の乱れが原因すること，があげられる．発生した音は大気中を伝播し，我々の耳に到達する．音波の伝播に関する基本モデルとして図 10.1 に示す**平面波** (plane wave) と**球面波** (spherical wave) がある．平面波は，音波の進行方向に直角な平面内で状態が一様な音波をいい，一次元的に伝播する音波である．図 10.1(a) のように振動する無限平板から発せられる音波がこれに相当する．音源から遠く離れた音波は近似的に平面波とみなすことができる．球面波は，図 10.1(b) のように点となる音源から放射状に発生する音波であり，音源を中心とした球面内において音の状態が一様になる音波のことをいう．この音源のことを**点音源** (point source) と呼ぶ．

10.1.2 平面波

大気中を伝播する平面波について説明する．図 10.2 に示すように波の進行方向を x 軸とし，それに直角な面積 S を通る平面波を考える．音波は空気の圧力変化が伝播する波動であり，音波による圧力の変動分，すなわち大気圧からの変動分を**音圧** (sound pressure) と呼ぶ．音圧は音の大きさに関係する．微小部

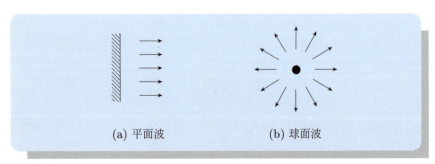

図 10.1　音波の伝播モデル

10.1 音波の基礎

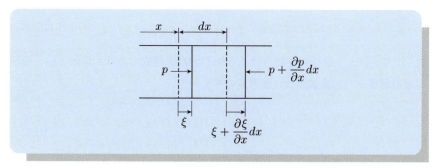

図 10.2 平面波

分 dx について,音圧を p,密度を ρ,空気粒子の変位を ξ として運動方程式を導くとつぎのようになる.

$$\rho S dx \frac{\partial^2 \xi}{\partial t^2} = -\frac{\partial p}{\partial x} S dx \tag{10.1}$$

よって,

$$\frac{\partial^2 \xi}{\partial t^2} = -\frac{1}{\rho}\frac{\partial p}{\partial x} \tag{10.2}$$

粒子速度 (particle velocity) $v = \partial \xi/\partial t$ を導入すると,

$$\frac{\partial v}{\partial t} = -\frac{1}{\rho}\frac{\partial p}{\partial x} \tag{10.3}$$

作用する圧力 p は微小部分の体積の減少率 $(\partial \xi/\partial x)Sdx/dxS$ に比例するので,

$$p = -K\frac{\partial \xi}{\partial x} \tag{10.4}$$

ここに K は体積弾性率である.

式 (10.4) を t で微分すると,

$$\frac{\partial p}{\partial t} = -K\frac{\partial^2 \xi}{\partial x \partial t} = -K\frac{\partial v}{\partial x} \tag{10.5}$$

式 (10.3),(10.5) より,音圧 p と粒子速度 v に関するそれぞれの運動方程式が得られる.

$$\frac{\partial^2 p}{\partial t^2} = c^2 \frac{\partial^2 p}{\partial x^2} \tag{10.6}$$

$$\frac{\partial^2 v}{\partial t^2} = c^2 \frac{\partial^2 v}{\partial x^2} \tag{10.7}$$

$$c = \sqrt{\frac{K}{\rho}} \tag{10.8}$$

式 (10.6), (10.7) は弦の運動方程式と同じ**波動方程式**であり，音圧と粒子速度は**波動速度** c の**前進波**および**後退波**の解を持つ．

ここで，

$$v = -\frac{\partial \phi}{\partial x} \tag{10.9}$$

を満足する**速度ポテンシャル関数** ϕ を導入する．式 (10.3) と式 (10.9) から，

$$\frac{\partial p}{\partial x} = -\rho \frac{\partial v}{\partial t} = \rho \frac{\partial^2 \phi}{\partial t \partial x} \tag{10.10}$$

式 (10.10) を x で積分し，p が音圧であることを考慮すると，

$$p = \rho \frac{\partial \phi}{\partial t} \tag{10.11}$$

式 (10.5) に式 (10.9) と式 (10.11) を代入すると，つぎの ϕ に関する波動方程式が得られる．

$$\frac{\partial^2 \phi}{\partial t^2} = c^2 \frac{\partial^2 \phi}{\partial x^2} \tag{10.12}$$

式 (10.12) を ϕ について解き，式 (10.9) と式 (10.11) から v と p を求めることができる．

ϕ として調和振動解を考えると，

$$\phi = \Phi(x) e^{j\omega t} \tag{10.13}$$

これを式 (10.12) に代入すると，

$$\frac{d^2 \Phi}{dx^2} + k^2 \Phi = 0 \tag{10.14}$$

$$k = \frac{\omega}{c} \tag{10.15}$$

k を**波長定数** (circular wave number) という．

式 (10.14) の解は $\Phi = e^{\pm jkx}$ となるから，式 (10.12) の解は A, B を未定定数として以下のように表される．

$$\phi = A e^{j(\omega t - kx)} + B e^{j(\omega t + kx)} \tag{10.16}$$

10.1 音波の基礎

式 (10.16) は複素数であるが，その実部が実際の現象を表す．第 1 項は前進波を表し，第 2 項は後退波を表している．境界の影響を受けない**自由音場** (free sound field) を仮定すると，反射は起こらないので式 (10.16) のうち前進波のみを考え，式 (10.11) と式 (10.9) にそれぞれ代入して音圧 p と粒子速度 v を求めるとつぎのようになる．

$$p = j\omega\rho A e^{j(\omega t - kx)} \tag{10.17}$$

$$v = jkA e^{j(\omega t - kx)} \tag{10.18}$$

式 (10.17) と式 (10.18) から p と v の比を求め，式 (10.15) を利用すると，

$$\frac{p}{v} = \rho c \tag{10.19}$$

この比のことを**比音響インピーダンス** (specific acoustic impedance)，または**音響インピーダンス密度** (acoustic impedance density) という．式 (10.19) からわかるように平面波の場合には実数になる．この ρc は物質の特性を表す数値になり，**特性インピーダンス** (characteristic impedance) と呼ぶ．空気の場合には 1 気圧，20 °C の 415 Pa·s/m がよく使われているようである．

つぎに振動する無限平板から自由音場に放射される音の伝播を考える．無限平板の振動変位を $Xe^{j\omega t}$ とすると，無限平板に接する空気粒子も同様に運動すると考えられる．すなわち $x = 0$ における粒子速度は無限平板の振動速度に等しい．式 (10.18) より，

$$(v)_{x=0} = jkA e^{j\omega t} = j\omega X e^{j\omega t} \tag{10.20}$$

式 (10.20) と式 (10.15) から $A = cX$，これを式 (10.17) に代入すると次式になる．

$$p = j\rho c\omega X e^{j(\omega t - kx)} \tag{10.21}$$

音圧は無限平板の振動速度 $j\omega X e^{j\omega t}$ に比例する．

例題 1

図 10.3 に示す長さ l の左端閉口右端開口の**音響管**について共鳴周波数を求めよ．

図 10.3 左端閉口右端開口の音響管

解答 音波の波長は音響管の断面寸法に比べて十分大きいものとすると，管内には x 方向の平面波が発生する．このとき速度ポテンシャル関数 ϕ は式 (10.16) よりつぎのようになる．

$$\phi = Ae^{j(\omega t - kx)} + Be^{j(\omega t + kx)} = e^{j\omega t}(Ae^{-jkx} + Be^{jkx})$$

したがって式 (10.9) と式 (10.11) から粒子速度 v と音圧 p が得られる．

$$v = jke^{j\omega t}(Ae^{-jkx} - Be^{jkx}), \quad p = j\omega \rho e^{j\omega t}(Ae^{-jkx} + Be^{jkx})$$

$x = 0$ において粒子速度がゼロなので，

$$v = jke^{j\omega t}(A - B) = 0 \quad \therefore \quad B = A$$

$x = l$ においては大気圧なので音圧はゼロであり，$B = A$ を利用すると，

$$p = j\omega \rho e^{j\omega t}(Ae^{-jkl} + Be^{jkl}) = j\omega \rho e^{j\omega t} A(e^{-jkl} + e^{jkl}) = 0$$

この式が常に成立するには，

$$e^{-jkl} + e^{jkl} = 2\cos kl = 0 \quad \therefore \quad k_i l = (2i-1)\pi/2 \quad i = 1, 2, \cdots$$

式 (10.15) より i 次の共鳴周波数はつぎのように表せる．

$$\omega_i = \frac{(2i-1)\pi c}{2l}$$

また i 次の音響管内の粒子速度分布と音圧分布は次式で表せる．

$$v = 2Ak_i e^{j\omega_i t} \sin \frac{(2i-1)\pi}{2l} x, \quad p = j2A\omega_i \rho e^{j\omega_i t} \cos \frac{(2i-1)\pi}{2l} x$$

前進波と後退波が重なり，**定常波**ができていることがわかる．これらの分布を図で表すとつぎの図 10.4 のようになる． ■

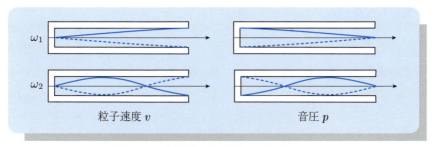

図 10.4 左端閉口右端開口の共鳴モード

10.1.3 音の強さと音響パワー

音圧 p の大きさを表す場合，つぎの実効値 P を使う．

$$P = \sqrt{\frac{1}{T}\int_0^T p^2 dt} \quad [\text{Pa}] \tag{10.22}$$

音波の進行方向に垂直にとった単位面積を単位時間に通過する音のエネルギの時間平均を**音の強さ** (sound intensity) といい，つぎの式で表す．

$$I = \frac{1}{T}\int_0^T \boldsymbol{pv} dt \quad [\text{W/m}^2] \tag{10.23}$$

ただし，$\boldsymbol{pv}$ はベクトルの内積である．平面波では式 (10.19) と式 (10.22) より，$I = P^2/(\rho c)$ となる．

ある面積 S を単位時間に通過する音響エネルギを**音響パワー** (sound power) といい，以下の式で表す．

$$W = \frac{1}{T}\int_0^T\!\!\int_S \boldsymbol{pv}\, ds dt = \overline{I} S \tag{10.24}$$

$\overline{I}$ は平均の音の強さである．音源の音響パワーは，音源全表面積から出る音響パワーである．

10.1.4 音のレベル

音に対する人間の感覚量は刺激量の対数にほぼ比例するといわれている（Weber-Fechner の法則）ことや，音圧などの扱う範囲が非常に広いこともあって，音響関係では dB を単位としたレベル表示が行われる．音のレベル表示には，音圧レベル，音の強さのレベル，音のパワーレベルがあり，それぞれの定義をつぎに示す．

音圧レベル (sound pressure level)：L_P

$$L_P = 20 \log \frac{P}{P_0}, \quad P_0 = 2 \times 10^{-5} \text{ Pa} \tag{10.25}$$

音の強さのレベル (sound intensity level)：L_I

$$L_I = 10 \log \frac{I}{I_0}, \quad I_0 = 10^{-12} \text{ W/m}^2 \tag{10.26}$$

音のパワーレベル (sound power level)：L_W

$$L_W = 10 \log \frac{W}{W_0}, \quad W_0 = 10^{-12} \text{ W} \tag{10.27}$$

ここにデシベルの基準となる P_0 は人間の最小可聴音圧であり，I_0，W_0 は P_0 を根拠として算出された値である．

10.1.5 距離による音の減衰

音は音源から遠ざかるにつれてエネルギが拡散することにより減衰する．以下では音源が図 10.1(b) の点音源のように自由空間にある場合，および無限平面上（半自由空間という）にあって半球状に音波が伝播する場合について説明する．

(1) 音の強さの減衰

W [W] の強さの点音源から r [m] 離れた点の音の強さ I_r は，

自由空間　：$I_r = W/(4\pi r^2)$ (10.28)

半自由空間：$I_r = W/(2\pi r^2)$ (10.29)

W [W/m] の**線音源**（点音源が線状に無限に並んだもの）から r [m] 離れた点の音の強さ I_r は，

自由空間　：$I_r = W/(2\pi r)$ (10.30)

半自由空間：$I_r = W/(\pi r)$ (10.31)

(2) 音の強さのレベルの減衰

距離 r_1 と r_2 との間でのレベルの減衰量 ΔL_I については，点音源の場合，

$$\Delta L_I = 10 \log I_1/I_2 = 10 \log (r_2/r_1)^2 = 20 \log r_2/r_1 \tag{10.32}$$

$r_2/r_1 = 2$ ならば，$\Delta L_I = 20 \log 2 = 6 \text{ dB}$ 減衰する．

線音源の場合には，

$$\Delta L_I = 10\log I_1/I_2 = 10\log r_2/r_1 \qquad (10.33)$$

$r_2/r_1 = 2$ ならば，$\Delta L_I = 10\log 2 = 3\,\mathrm{dB}$ 減衰する．線音源は点音源と比べて減衰量が $1/2$ となり減衰しにくいことがわかる．

10.2 騒音計測

10.2.1 音と騒音

大気中を伝わる音波のうち人間が感じることのできるものが音である．音は鼓膜から3つの伝達骨を伝わり蝸牛管の中で周波数分析され，聴覚神経を通って脳の聴覚野で識別される．識別可能な範囲としては，周波数 $20\,\mathrm{Hz} \sim 20\,\mathrm{kHz}$，音圧 $20\,\mu\mathrm{Pa} \sim 20\,\mathrm{Pa}$ となっており，人間は非常に微小な音を非常に広い周波数範囲で聴くことができる．人間が聴こえるさまざまな音の中で，「好ましくない音」が**騒音**であり，人間の聴覚における感性が影響する音である．好みの音楽を大音量で聴いても苦にならないが，ガラスが金属と擦れ合うような金属的な音は小さくても不快に感じるなど，音の大きさと騒がしさは必ずしも関連するものではない．

人間の感じる音の大小は音圧の大きさに影響されるが，音圧の物理量とは必ずしも比例せず，また音の周波数によっても感じ方は異なる．図 10.5 は，健康な人が任意の音圧レベルの $1{,}000\,\mathrm{Hz}$ の純音を基準にし，それと同じ大きさに聴こえると判断した周波数の異なる音の音圧レベルを調べて曲線にしたものであり，**等感曲線** (equal-loudness contours)，または**等ラウドネスレベル曲線** (normal equal-loudness-level contours) という．この曲線上の音の大きさを，$1{,}000\,\mathrm{Hz}$ の音圧レベルの値をとって phone という単位で表す．たとえば $1{,}000\,\mathrm{Hz}$ で $60\,\mathrm{dB}$ を通る曲線上の音は $60\,\mathrm{phone}$ となる．図 10.5 に示す曲線は国際規格として 2003 年に若干の補正が加えられたものである．

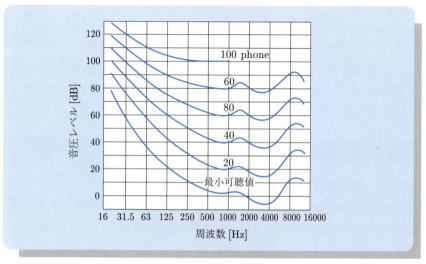

図 10.5　等感曲線 (ISO226)

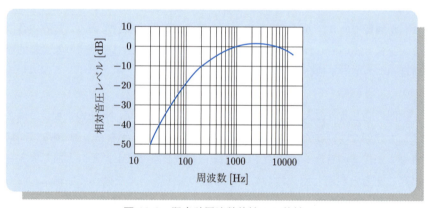

図 10.6　騒音計周波数特性：A 特性

10.2.2　騒音の測定

騒音の大きさに関する計器のことを**騒音計** (sound level meter) と呼び，等感曲線を参考に人間の聴感特性が組み込まれた周波数補正回路を持つ音圧測定器である．図 10.6 は 40 phone 特性を参考にした周波数補正特性で，**A 特性**という．A 特性の周波数補正によって測定されたものを**騒音レベル**（単位は dB）

と呼び，L_A の記号を用いて表し，つぎの式で定義される．

$$L_A = 10\log\frac{P_A^2}{P_0^2} = 20\log\frac{P_A}{P_0} \tag{10.34}$$

ここに P_A は A 特性のフィルタを通して測定された音圧の瞬時の実効値，P_0 は基準音圧 2×10^{-5} Pa である．また P_A の代わりに全測定時間にわたって得られた音圧の実効値を用いる場合もあり，これを**等価騒音レベル** L_{Aeq} という．

観測点においては測定対象の音のほかにそれ以外の音が含まれる．この測定対象以外の騒音のことを**暗騒音**と呼ぶ．実際の測定では暗騒音の補正を行う．対象の音があるときとないときとの騒音レベルの差が 10 dB 以上あるときは，暗騒音の影響は無視できる．この差が 10 dB 未満のときは，表 10.1 によってその差に対する補正値を求め，測定対象の音があるときの騒音レベルからこの補正値を引くことによって騒音レベルを推定する．差が 3 dB 以下のときは測定対象の音が判別できず，測定不可能となる．

10.2.3 環境基本法と騒音規制法

環境基本法において，生活環境の保全および人の健康の保護に対して維持されることが望ましい，騒音に関係する基準が定められており，表 10.2 のようになっている．

地域の類型は，AA が特に静穏を必要とする地域（病院などが集合している地域），A が住居専用地域，B が住居として主に使われている地域，C が住居に合わせて商工業などに使われている地域であり，都道府県知事が指定する．こ

表 10.1 騒音レベルの測定における暗騒音の補正

対象音の有無による騒音レベルの差	4 dB	5 dB	6 dB	7 dB	8 dB	9 dB
補正値		2 dB			1 dB	

表 10.2 騒音に係る環境基準（等価騒音レベル）

地域の類型	基準値	
	午前 6 時から午後 10 時	午後 10 時から午前 6 時
AA	50 dB 以下	40 dB 以下
A および B	55 dB 以下	45 dB 以下
C	60 dB 以下	50 dB 以下

表 10.3 騒音規制法における規制値（騒音レベル）

区域の区分	時間の区分		
	昼間	朝・夕	夜間
第1種区域	45 dB 以上 50 dB 以下	40 dB 以上 45 dB 以下	40 dB 以上 45 dB 以下
第2種区域	50 dB 以上 60 dB 以下	45 dB 以上 50 dB 以下	40 dB 以上 50 dB 以下
第3種区域	60 dB 以上 65 dB 以下	55 dB 以上 65 dB 以下	50 dB 以上 55 dB 以下
第4種区域	65 dB 以上 70 dB 以下	60 dB 以上 70 dB 以下	55 dB 以上 65 dB 以下

の基準値には等価騒音レベルが使用されている．またこの基準は住居地域に適用が限定されており，道路に面する地域には別基準が設けられ，工業専用地域などには適用されない．なお，環境基準は達成目標であり，罰則は設けられていない．

　工場・事業場，建設作業，自動車交通による騒音を規制するために**騒音規制法**（1968年12月1日施行）がある．この規制値には騒音計にて測定された騒音レベル L_A が用いられる．測定点は，建物や壁などの反射面から1m以上離れ，1.2～1.5m（耳の位置）の高さとすること，測定値が変動しなければその値を用い，周期的・間欠的に変動する場合にはその変動ごとの最大値を平均すること，不規則かつ大幅に変動する場合，などの測定方法が決められている．騒音規制法における特定工場の規制値を表10.3に示す．特定工場とは著しく騒音を発生する施設が設置してある工場である．時間の区分の昼間は午前7時または8時から午後6時，7時，8時までのいずれか，朝は午前5時または6時から午前7時，または8時まで，夕は午後6時，7時または8時から午後9時，10時，または11時まで，夜間は午後9時，10時または11時から翌日の午前5時または6時までとなっている．区域の区分の第1種区域は特に静穏の保持を必要とする区域，第2種区域は住居専用区域，第3種区域は住居兼商工業の区域，第4種区域は工業などの区域である．規制基準値 (dB) は表10.3の範囲で都道府県知事が決め，時間の区分，区域の区分も都道府県知事が決定する．

　騒音レベルの60 dBは普通の事務所内，40 dBは閑静な住宅地での音の大きさであり，人間が安眠できる騒音レベルは40 dB以下といわれている．また，85 dB以上の音を長時間聞くと耳に障害が出る可能性があり，注意が必要である．

10.3 騒音対策

10.3.1 騒音の人体への影響

聴力機能への影響としては，大きい音に長時間さらされると聴力低下（騒音性難聴）が起こる．聴力低下は耳のもっとも敏感な 3,000 Hz から 4,000 Hz 付近から始まる．普通の会話は 500 Hz から 2,000 Hz の程度であるので障害が初期段階では自覚されにくい．また，聴力機能に影響を与えやすい音の特性としては以下の条件があげられる．

(a) 低周波数より高周波数
(b) 広帯域スペクトルより狭帯域スペクトル
(c) 定常より非定常

生理的・心理的影響としては，自律神経の緊張を高め，血管収縮，血圧上昇，呼吸数増加などの生理的影響を与え，心理的には感情的不安定（いらいら）など不快感が生じ，攻撃的になったりする場合もあるといわれている．また，注意力低下，反応時間の遅延などから作業能率の低下が起こり，日常生活としては会話妨害，安眠妨害などが発生する．なお，これらには慣れや個人差あるいは精神的要素も影響を与える．

10.3.2 騒音対策

騒音対策の技術として，最近は有限要素法や境界要素法などのコンピュータによる音響解析により騒音予測を行って騒音対策を検討する技術が発達してきている．ここでは，一般的な騒音対策の基本事項について簡単に述べる．

騒音対策としては音源に対するものと音の伝播に対するものとが考えられる．

(1) 音源対策

a. **振動体対策**：共振，共鳴を避け，衝撃や摩擦を少なくするなどの防振対策，励振力低減をはかる．
b. **放射面対策**：放射面の絶縁，制振鋼板の利用，制振塗装などの制振対策および放射面積の縮小などをはかる．
c. **カバーによる遮音**：透過損失の高い材料でなるべく密閉するようにカバーを作り，カバー内面に吸音材を貼る．

d. **消音器**：排気管の途中に設けて騒音の吸収をはかるもので，空洞型，共鳴型，吸音材型などがある．

(2) 伝播対策

a. **遮音**：十分に広い壁で音波を遮断する．壁面に入射する音響パワーを W_i，透過するものを W_t としたとき，以下で定義される R を壁の**音響透過損失** (sound transmission loss) といい，遮音性能を表す．

$$R = 10\log\frac{W_i}{W_t} = 20\log\frac{P_i}{P_t} \tag{10.35}$$

音響透過損失は入射エネルギレベルのうち遮音できるレベルを表す．たとえば，$R = 40\,\mathrm{dB}$ の壁は $90\,\mathrm{dB}$ の音を $50\,\mathrm{dB}$ の音に下げることができる．

壁の内部損失などを無視して壁の慣性効果のみを考慮すると近似的に以下の式が成り立つ．

$$R = 20\log\frac{\pi f m}{\rho c} \tag{10.36}$$

ここに，f は周波数，m は壁の面密度，ρ, c はそれぞれ空気の密度と波動速度である．これより，周波数が高いほど，または面密度が大きい（重い）ほど遮音効果は大きいことがわかる．これを**質量則** (mass law) という．

b. **吸音材**：吸音は音のエネルギを多孔質材料の吸音材などにより熱のエネルギに変換して吸収し，反射音を少なくすることであり，残響時間も短縮される．吸音材に吸収される音の割合を**吸音率** (sound absorption coefficient) と呼び，つぎの α で定義される．

$$\alpha = \frac{I_a}{I_i} = \frac{I_i - I_r}{I_i} = 1 - \frac{I_r}{I_i} \tag{10.37}$$

I_i は入射音の音の強さ，I_a は吸音材に吸収される音の強さ，I_r は反射する音の強さを表す．

c. **距離を離す**：距離による減衰効果は，式 (10.28), (10.32) などで表され，点音源では距離を 2 倍離すと $6\,\mathrm{dB}$ 下がることになる．

d. **その他**：塀による遮音，指向性を考慮する，マスキング（2 つの音を同時に聞くと一方の音のために他方が聞きにくくなる現象）の利用，耳せんの使用などがある．最近では制御用スピーカを用いて音波の干渉により騒音を消去しようとする能動的騒音制御（アクティブノイズコントロール）も用いられるようになってきた．

付　　録
SI 単位と工学単位

　現在，国際的に統一された単位系としては国際単位系（Le Système international d'unités，略称 SI：1960 年国際度量衡総会採択）がある．

　力学系についていえば，これは長さ (m)，質量 (kg)，時間 (s) を基本単位とした単位系であり，MKS 単位系の流れをくむものである．

　これに対し，工学の分野ではこれまで長さ (m)，力 (kgf)，時間 (s) を基本単位とした工学単位系が用いられてきた．

　国際単位系が質量中心の単位系であるのに対し，工学単位系は力（重量）中心の単位系である．工学単位系では質量 1 kg が加速度 $9.80665\,\mathrm{m/s^2}$ の地球の重力場において受ける力を 1 kgf と定義している．

　力の実感としては体重などから理解しやすい単位ではあるが，重力は地球上で異なることや，宇宙開発などこれからの工学の発展を考慮すると質量中心の SI 単位のほうが有効であると考えられており，現在，主な学会では SI 単位の使用が原則である．しかし，これまでの習慣や生産設備などの関係から産業界ではまだ必ずしも SI 単位に統一はされておらず，工学単位系によっている場合も多いので両者の使用および変換ができるようにしておくべきである．

　SI 単位は前述の基本単位以外に補助単位と固有の名称を持つ組立単位などからなり，10 の整数乗倍を表すために SI 接頭語を用いる．

SI 単位と工学単位の関係はニュートンの第 2 法則より,

$$\boxed{\text{質量の 1 kg}} \times \boxed{\text{重力の加速度 } g\,\text{m/s}^2} = \boxed{\text{力の 1 kgf}}$$
$\quad\quad$ (SI 単位) $\quad\quad\quad\quad\quad\quad\quad\quad\quad\quad\quad\quad\quad$ (工学単位)

$$1\,\text{kgf} = g\,\text{kg}\cdot\text{m/s}^2 = g\,\text{N}$$

(g の値としては精度に応じて,9.8 あるいは 9.807 を用いればよい)

なお,数値計算を行う場合は単位をそろえることが必須である.

表 A.1

量	SI 単位	工学単位
質量	kg	$\text{kgf}\cdot\text{s}^2/\text{m}$
力	$\text{N} = \text{kg}\cdot\text{m/s}^2$ (ニュートン)	kgf (重量)
ばね定数	N/m	kgf/m
密度	kg/m^3	$\text{kgf}\cdot\text{s}^2/\text{m}^4$
慣性モーメント	$\text{kg}\cdot\text{m}^2$	$\text{kgf}\cdot\text{m}\cdot\text{s}^2$
応力,弾性係数	$\text{Pa} = \text{N/m}^2$ (パスカル)	kgf/m^2

表 A.2

倍数	接頭語	記号	倍数	接頭語	記号
10^{18}	エクサ	E	10^{-1}	デシ	d
10^{15}	ペタ	P	10^{-2}	センチ	c
10^{12}	テラ	T	10^{-3}	ミリ	m
10^{9}	ギガ	G	10^{-6}	マイクロ	μ
10^{6}	メガ	M	10^{-9}	ナノ	n
10^{3}	キロ	K	10^{-12}	ピコ	p
10^{2}	ヘクト	h	10^{-15}	フェムト	f
10^{1}	デカ	da	10^{-18}	アト	a

[ft-lb 系]

$1\,\text{in} = 2.54 \times 10^{-2}\,\text{m}$　　　　$1\,\text{oz} = 0.02835\,\text{kg}$

$1\,\text{ft} = 12\,\text{in} = 30.48 \times 10^{-2}\,\text{m}$　　$1\,\text{lb} = 0.4536\,\text{kg}$

$1\,g = 32.2\,\text{ft/s}^2$　　　　　　　　$1\,\text{slug} = 1\,\text{lbf}/(\text{ft/s}^2)$
$\quad\quad\quad\quad\quad\quad\quad\quad\quad\quad\quad\quad\quad = 14.6\,\text{kg}$
$\quad\quad\quad\quad\quad\quad\quad\quad\quad\quad\quad\quad\quad = \text{ft} - \text{lb 工学単位系の質量の単位}$

問題の略解

第2章

1. 最大速度 $= 0.0628\,[\text{m/s}]$，最大加速度 $= 39.5\,[\text{m/s}^2]$

2. 最大速度 $= 0.188\,[\text{m/s}]$，最大加速度 $= 71.1\,[\text{m/s}^2]$
$F = ma$ より，加振力 $= 71.1\,[\text{N}]$ ($= 7.26\,[\text{kgf}]$)，振幅 $< 0.069\,[\text{mm}]$

3. 式 (2.16) より，
変位 $= 5.83\,[\text{mm}]$，速度 $= 0.183\,[\text{m/s}]$，加速度 $= 5.75\,[\text{m/s}^2]$

4. $Ft = m(v_1 - v_2)$ より，力積 $= 2.22 \times 10^4\,[\text{kg}\cdot\text{m/s}]$ ($= 2.22 \times 10^4\,[\text{N}\cdot\text{s}]$)
$v = gt$, $h = \dfrac{1}{2}gt^2$ より，高さ $= 25.2\,[\text{m}]$

5. 運動エネルギ $T = \dfrac{1}{2}\text{mv}^2$，位置エネルギ $U = \dfrac{1}{2}kx^2$，$T = U$ より，
変位 $= 20.2\,[\text{mm}]$，力：$kx = 202\,[\text{kgf}] = 1.98 \times 10^3\,[\text{N}]$

第3章

1. (a) $\omega_n = \sqrt{\dfrac{2k}{m}}$

(b) ばね k_1 の変位を x_1，ばね k_2 の変位を x_2，質量 m の変位を x とおくと，
$$x_1 = \dfrac{b(a+b)k_2}{a^2 k_1 + b^2 k_2}x, \quad x_2 = \dfrac{a(a+b)k_1}{a^2 k_1 + b^2 k_2}x$$
$m\ddot{x} + k_1 x_1 + k_2 x_2 = 0$ より，

$$\omega_n = \sqrt{\frac{k_1 k_2 (a+b)^2}{m(a^2 k_1 + b^2 k_2)}}$$

(c) 質量の変位を x とすると,ばねの変位は $x\cos\alpha$ となり,運動方程式は,

$$m\ddot{x} + k\cos^2\alpha \cdot x = 0$$

$$\omega_n = \cos\alpha \sqrt{\frac{k}{m}}$$

(d) $J = 2ma^2$, $\omega_n = \sqrt{\frac{k_\theta}{J}} = \sqrt{\frac{k_\theta}{2ma^2}}$

2. (a) 重力による復元モーメント $\fallingdotseq mgl\sin\alpha \cdot \theta$
ばねによる復元モーメント $= kl_1^2 \theta$

$$\omega_n = \sqrt{\frac{kl_1^2 + mgl\sin\alpha}{ml^2}}$$

(b) $J = \frac{m}{3}(a^2 - ab + b^2)$, 復元モーメント $= mg\dfrac{b-a}{2}\theta$

$$\omega_n = \sqrt{\frac{3g(b-a)}{2(a^2 - ab + b^2)}}$$

(c) 復元モーメント $= a^2 k\theta$

$$\omega_n = \sqrt{\frac{3a^2 k}{m(a^2 - ab + b^2)}}$$

(d) $J = \dfrac{md^2}{2}$, $J\ddot{\theta} + mg\dfrac{d}{2}\theta = 0$

$$\omega_n = \sqrt{\frac{g}{d}}$$

3. (a) $U = \dfrac{1}{2}kx^2$, $T = \dfrac{1}{2}J\dot{\theta}^2 + \dfrac{1}{2}M\dot{x}^2$, $x = r\theta$

$$\omega_n = \sqrt{\frac{2k}{m + 2M}}$$

(b) 円板の重心の変位を x とすると, $U = \dfrac{1}{2}k(2x)^2$, $T = \dfrac{1}{2}m\dot{x}^2 + \dfrac{1}{2}\dfrac{mr^2}{2}\dot{\theta}^2$, $x = r\theta$

$$\omega_n = \sqrt{\frac{8k}{3m}}$$

(c) $\omega_n = \sqrt{\dfrac{g}{b}}$

問題の略解 235

(d) $U = mg(R-r)(1-\cos\theta)$, $T = \dfrac{1}{2}m\{(R-r)\dot\theta\}^2 + \dfrac{1}{2}\dfrac{mr^2}{2}(\dot\phi - \dot\theta)^2$, $\dot\phi = \dfrac{R}{r}\dot\theta$

$$\omega_n = \sqrt{\dfrac{2g}{3(R-r)}}$$

4. $\delta = l(1-\cos\phi)$, $l\phi = a\theta$

$$\omega_n = \sqrt{\dfrac{mga^2}{Jl}} = \sqrt{\dfrac{3g}{l}}$$

5. (a) $x = 2r\theta$, $T = \dfrac{1}{2}M\dot x^2 + 2\left(\dfrac{1}{2}m(r\dot\theta)^2 + \dfrac{1}{2}J\dot\theta^2\right)$

$$\omega_n = \sqrt{\dfrac{8k}{4M+3m}}$$

(b) $x = r\theta$, $T = \dfrac{1}{2}M\dot x^2 + 2\left(\dfrac{1}{2}m\dot x^2 + \dfrac{1}{2}J\dot\theta^2\right)$

$$\omega_n = \sqrt{\dfrac{2k}{M+3m}}$$

6. $x = \dfrac{v}{\omega_n}\sin\omega_n t$, $\omega_n = \sqrt{\dfrac{k}{m}}$, $P = kx$

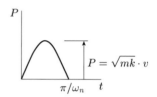

$\int P dt = 2mv$：力積（運動量の変化）

7. $m\ddot x + c\dot x + 2kx = 0$ より，

減衰比：$\zeta = \dfrac{c}{2\sqrt{2mk}} = 0.1$,

減衰固有振動数：$f_d = \dfrac{1}{2\pi}\sqrt{\dfrac{2k}{m}}\sqrt{1-\zeta^2} = 3.2\,[\text{Hz}]$

8. $ml_1^2\ddot\theta + cl_2^2\dot\theta + kl_2^2\theta = 0$ より，

減衰比：$\zeta = \dfrac{cl_2}{2l_1\sqrt{mk}} = 0.23$,

減衰固有振動数：$f_d = \dfrac{1}{2\pi}\dfrac{l_2}{l_1}\sqrt{\dfrac{k}{m}}\sqrt{1-\zeta^2} = 8.8\,[\text{Hz}]$

9. ・粘性減衰

式 (3.93) より，$\dfrac{a_i}{a_{i+1}} = e^{n\varepsilon T}$, $c = 1.10\,[\text{N}/(\text{m/s})]$

・クーロン減衰

1周期間に振幅は 4δ ずつ小さくなることを考慮して，$F_c = 0.625\,[\mathrm{N}]$

第 4 章

1. (a) $f_n = 31.8\,[\mathrm{Hz}]$
(b) $A = 0.0826\,[\mathrm{mm}]$
(c) $A = 0.081\,[\mathrm{mm}]$，$A_{\max} = 0.251\,[\mathrm{mm}]$，$f = 31.5\,[\mathrm{Hz}]$

2. $\zeta = 0$ のとき，式 (4.6) より，$\omega/\omega_n > 3.32$
$\zeta = 0.1$ のとき，式 (4.30) より，$\omega/\omega_n > 3.31$

3. 式 (4.25) より，

$$\mathrm{Re}[A/\delta_0] = \frac{1-(\omega/\omega_n)^2}{1-(\omega/\omega_n)^2+(2\zeta\omega/\omega_n)^2}$$

$$\mathrm{Im}[A/\delta_0] = \frac{-2\zeta\omega/\omega_n}{1-(\omega/\omega_n)^2+(2\zeta\omega/\omega_n)^2}$$

ω/ω_n を変数にとり，Re と Im をそれぞれ，横軸と縦軸にプロットすれば，右図が得られる．

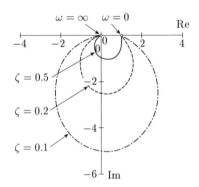

4. 式 (4.41) より，$c = 0.0127\,[\mathrm{N/(mm/s)}]$，$\zeta = 0.00284$

5. 式 (4.70) より，$m_u e = 0.0425\,[\mathrm{kg\cdot mm}]$

6. 式 (4.86) より，$f_n \leq 40.34\,[\mathrm{Hz}]$

7. $0 < t < T$：$x = \dfrac{a}{\omega_n^2}(\cos\omega_n t - 1) + \dfrac{1}{2}at^2$

$T < t < 2T$：$x = \dfrac{a}{\omega_n^2}\{1+\cos\omega_n t - 2\cos\omega_n(t-T)\} - \dfrac{1}{2}at^2 + 2aTt - aT^2$

$t > 2T$：$x = aT^2$ のまわりの自由振動となるから，

$$x = \frac{a}{\omega_n^2}\{\cos\omega_n t + \cos\omega_n(t-2T) - 2\cos\omega_n(t-T)\} + aT^2$$

ただし，$\omega_n = \sqrt{\dfrac{k}{m}}$

8. 式 (4.6) より，

$$0.95 < \frac{1}{|1-(\omega/\omega_n)^2|} < 1.05$$

すなわち，$\dfrac{\omega}{\omega_n} < 0.2182$, $1.397 < \dfrac{\omega}{\omega_n} < 1.433$. 実用的には，$\dfrac{\omega}{\omega_n} < 0.218$.

第 5 章

1. 1 次固有振動数：$\omega_1 = \sqrt{\dfrac{k}{m}}$ より，$f_1 = 1.59\,[\text{Hz}]$

2 次固有振動数：$\omega_2 = \sqrt{\dfrac{5k}{m}}$ より，$f_2 = 3.56\,[\text{Hz}]$

1 次固有モード：$\left[\dfrac{X_1}{X_2}\right]_1 = 1$, 2 次固有モード：$\left[\dfrac{X_1}{X_2}\right]_2 = -1$

2. 1 次固有振動数：$\omega_1 = \sqrt{\dfrac{g}{l}}$, 2 次固有振動数 $\omega_2 = \sqrt{\dfrac{mgl + 2kh^2}{ml^2}}$

1 次固有モード $\left[\dfrac{\Theta_1}{\Theta_2}\right]_1 = 1$, 2 次固有モード $\left[\dfrac{\Theta_1}{\Theta_2}\right]_2 = -1$

3. この系の重心は，左端から $2l/3$ の位置にある．重心位置での並進・回転座標を x,θ とする．

重心まわりの慣性モーメント：$J = \dfrac{2}{3}ml^2$

運動方程式：$\begin{cases} 3m\ddot{x} + 2kx + \dfrac{2}{3}kl\theta = 0 \\ \dfrac{2}{3}ml^2\ddot{\theta} + \dfrac{2}{3}klx + \dfrac{20}{9}kl^2\theta = 0 \end{cases}$

振動数方程式：$m^2\omega^4 - 4mk\omega^2 + 2k^2 = 0$ を解いて，

固有振動数：$\begin{matrix}\omega_1\\\omega_2\end{matrix} = \sqrt{(2 \mp \sqrt{2})}\sqrt{\dfrac{k}{m}}$

4. 固有振動数：$\begin{matrix}\omega_1^2\\\omega_2^2\end{matrix} = k\left\{\dfrac{r^2}{J} + \dfrac{1}{2m} \mp \sqrt{\left(\dfrac{r^2}{J}\right)^2 + \left(\dfrac{1}{2m}\right)^2}\right\}$

固有モード：$\left[\dfrac{X}{r\Theta}\right] = \dfrac{k}{k - m\omega^2}$

5. $T = \dfrac{1}{2}(m_0 - m)\dot{x}^2 + \dfrac{1}{2}m(\dot{x}^2 + r^2\dot{\theta}^2 - 2r\dot{\theta}\dot{x}\sin\theta) + \dfrac{1}{2}J\dot{\theta}^2$

$U = \dfrac{1}{2}kx^2 + mgr\cos\theta$, $D = \dfrac{1}{2}c\dot{x}^2$

ラグランジュの方程式から，

$$m_0\ddot{x} + c\dot{x} + kx = mr(\ddot{\theta}\sin\theta + \dot{\theta}^2\cos\theta)$$
$$(J + mr^2)\ddot{\theta} = M + mr(\ddot{x}\sin\theta + g\sin\theta)$$

$\ddot{\theta} = 0$, $\dot{\theta} = \omega$ のとき，
$$m_0\ddot{x} + c\dot{x} + kx = mr\omega^2\cos\omega t$$
$$M + mr(\ddot{x} + g)\sin\omega t = 0$$

6. $T = \dfrac{1}{2}(m_0 + m)\dot{x}^2 + \dfrac{1}{2}m\left(\dfrac{l^2}{3}\dot{\theta}^2 - l\dot{x}\dot{\theta}\sin\theta\right)$

$U = \dfrac{1}{2}kx^2 + \dfrac{1}{2}mgl(1 - \cos\theta)$

ラグランジュの方程式から，
$$(m_0 + m)\ddot{x} + kx - \dfrac{1}{2}ml(\ddot{\theta}\sin\theta + \dot{\theta}^2\cos\theta) = 0$$
$$l\ddot{\theta} + \dfrac{3}{2}(g - \ddot{x})\sin\theta = 0$$

微小振動では，
$$(m_0 + m)\ddot{x} + kx = 0$$
$$l\ddot{\theta} + \dfrac{3}{2}g\theta = 0$$

7. 影響係数：$a_{11} = a_{22} = \dfrac{4l^3}{243EI}$, $a_{12} = a_{21} = \dfrac{7l^3}{486EI}$

固有振動数：$\omega^2 = \dfrac{1}{m(a_{11} \pm a_{12})}$

第6章

1. (1) $\begin{bmatrix} 3m & 0 & 0 \\ 0 & m & 0 \\ 0 & 0 & 5ml^2 \end{bmatrix} \begin{Bmatrix} \ddot{x}_1 \\ \ddot{x}_2 \\ \ddot{\theta} \end{Bmatrix} + \begin{bmatrix} 3k & -k & -kl \\ -k & k & 0 \\ -kl & 0 & 5kl^2 \end{bmatrix} \begin{Bmatrix} x_1 \\ x_2 \\ \theta \end{Bmatrix} = 0$

(2) 1次固有振動数：$\omega_1 = \sqrt{\left(1 - \sqrt{\dfrac{2}{5}}\right)\dfrac{k}{m}}$, 2次固有振動数：$\omega_2 = \sqrt{\dfrac{k}{m}}$,

3次固有振動数：$\omega_3 = \sqrt{\left(1 + \sqrt{\dfrac{2}{5}}\right)\dfrac{k}{m}}$

(3) 1次モード：$\left\{\begin{array}{c}\sqrt{2/5}\\1\\1/(5l)\end{array}\right\}$, 2次モード：$\left\{\begin{array}{c}0\\1\\-1/l\end{array}\right\}$, 3次モード：$\left\{\begin{array}{c}-\sqrt{2/5}\\1\\1/(5l)\end{array}\right\}$

2. (1) $\begin{bmatrix}3m & 0 & 0\\0 & 2m & 0\\0 & 0 & m\end{bmatrix}\left\{\begin{array}{c}\ddot{x}_1\\\ddot{x}_2\\\ddot{x}_3\end{array}\right\}+\begin{bmatrix}3k & -k & 0\\-k & 2k & -k\\0 & -k & k\end{bmatrix}\left\{\begin{array}{c}x_1\\x_2\\x_3\end{array}\right\}=0$

(2) 1次固有振動数：$\omega_1=\sqrt{\dfrac{k}{m}\left(1-\sqrt{\dfrac{2}{3}}\right)}$, 2次固有振動数：$\omega_2=\sqrt{\dfrac{k}{m}}$,

3次固有振動数：$\omega_3=\sqrt{\dfrac{k}{m}\left(1+\sqrt{\dfrac{2}{3}}\right)}$

(3) 1次モード：$\left\{\begin{array}{c}1\\\sqrt{6}\\3\end{array}\right\}$, 2次モード：$\left\{\begin{array}{c}1\\0\\-1\end{array}\right\}$, 3次モード：$\left\{\begin{array}{c}1\\-\sqrt{6}\\3\end{array}\right\}$

(4) $\left\{\begin{array}{c}x_1\\x_2\\x_3\end{array}\right\}=\left\{\begin{array}{c}1\\\sqrt{6}\\3\end{array}\right\}\cos\sqrt{\dfrac{k}{m}\left(1-\sqrt{\dfrac{2}{3}}\right)}t+\left\{\begin{array}{c}1\\-\sqrt{6}\\3\end{array}\right\}\cos\sqrt{\dfrac{k}{m}\left(1+\sqrt{\dfrac{2}{3}}\right)}t$

(5) $\begin{bmatrix}3m & 0 & 0\\0 & 2m & 0\\0 & 0 & m\end{bmatrix}\left\{\begin{array}{c}\ddot{x}_1\\\ddot{x}_2\\\ddot{x}_3\end{array}\right\}+\begin{bmatrix}3k & -k & 0\\-k & 2k & -k\\0 & -k & k\end{bmatrix}\left\{\begin{array}{c}x_1\\x_2\\x_3\end{array}\right\}=\left\{\begin{array}{c}0\\F\cos\omega t\\0\end{array}\right\}$

(6) $\begin{cases}\ddot{\xi}_1+\omega_1^2\xi_1=\sqrt{6}F\cos\omega t/24m\\\ddot{\xi}_2+\omega_2^2\xi_2=0\\\ddot{\xi}_3+\omega_3^2\xi_3=-\sqrt{6}F\cos\omega t/24m\end{cases}$

(7) $\left\{\begin{array}{c}\xi_1\\\xi_2\\\xi_3\end{array}\right\}=\left\{\begin{array}{c}\dfrac{\sqrt{6}F\cos\omega t}{24m(\omega_1^2-\omega^2)}\\0\\\dfrac{-\sqrt{6}F\cos\omega t}{24m(\omega_3^2-\omega^2)}\end{array}\right\}$ と $\left\{\begin{array}{c}x_1\\x_2\\x_3\end{array}\right\}=\begin{bmatrix}1 & 1 & 1\\\sqrt{6} & 0 & -\sqrt{6}\\3 & -1 & 3\end{bmatrix}\left\{\begin{array}{c}\xi_1\\\xi_2\\\xi_3\end{array}\right\}$ より，

$x_1=\left\{\dfrac{\sqrt{6}}{24m(\omega_1^2-\omega^2)}-\dfrac{\sqrt{6}}{24m(\omega_3^2-\omega^2)}\right\}F\cos\omega t$

第7章

1. 張力 $= 968\,[\mathrm{N}]$

2. 等価ばね定数：$k = \dfrac{4T}{l}$, 等価質量：$m = \dfrac{4\rho l}{\pi^2}$

3.

		ねじり振動	縦振動
両端固定	1次	1625 [Hz]	2570 [Hz]
	2次	3250 [Hz]	5140 [Hz]
	3次	4875 [Hz]	7710 [Hz]
固定・自由	1次	813 [Hz]	1285 [Hz]
	2次	2439 [Hz]	3855 [Hz]
	3次	4065 [Hz]	6425 [Hz]

4. $u(x,t) = \dfrac{2Pl}{\pi^2 AE} \displaystyle\sum_{i=1,3,\cdots}^{\infty} (-1)^{\frac{i-1}{2}} \dfrac{1}{i^2} \sin\dfrac{i\pi x}{l} \cos\dfrac{i\pi c}{l} t$

5. 境界条件：$(u)_{x=0} = 0,\ m\left(\dfrac{\partial^2 u}{\partial t^2}\right)_{x=l} = -AE\left(\dfrac{\partial u}{\partial x}\right)_{x=l}$

振動数方程式：$\dfrac{\omega l}{c}\tan\dfrac{\omega l}{c} = \dfrac{m_b}{m}$ ∴ $m_b = \rho Al$（棒の質量）

6. 境界条件：$(u)_{x=0} = 0,\ EA\left(\dfrac{\partial u}{\partial x}\right)_{x=l} = -k(u)_{x=l}$

振動数方程式：$\tan\dfrac{\omega l}{c} = -\dfrac{\omega EA}{ck}$

7.

	片持ち	両端固定	単純支持
1次	16.6 [Hz]	106 [Hz]	46.6 [Hz]
2次	104 [Hz]	291 [Hz]	186 [Hz]
3次	291 [Hz]	571 [Hz]	419 [Hz]

8. ローラ端の境界条件：$\dfrac{\partial w}{\partial x} = 0,\ \dfrac{\partial^3 w}{\partial x^3} = 0$

振動数方程式：$\tan\lambda + \tanh\lambda = 0$

9. 先端に質量を持つ片持ちはりの固有振動数，固有モード関数を求める（第7章の例題4参照）．初期条件：$w_0(x) = 0,\ v_0(x) = v\delta(x-l)$ のもとで自由振動問題とし

10. 対称モードなので，長さが $1/2$ で一端単純支持，他端に質量 $m/2$ を持つローラ端として，解析を行えばよい．

振動数方程式：$2\cos\lambda\cosh\lambda + \alpha\lambda(\cos\lambda\sinh\lambda - \sin\lambda\cosh\lambda) = 0$

$\therefore \alpha = \dfrac{m}{\rho Al}, \quad \lambda^2 = \omega\left(\dfrac{l}{2}\right)^2\sqrt{\dfrac{\rho A}{EI}}$

11. $w = \dfrac{2F}{\rho Al}\displaystyle\sum_{i=1,3,\cdots}\dfrac{1}{\omega_i^2 - \omega^2}\sin\dfrac{i\pi}{2}\cos\omega t, \quad \omega_i = \dfrac{(i\pi)^2}{l^2}\sqrt{\dfrac{EI}{\rho A}}$

12. はりの支持部からの相対変位を w，絶対変位を y とすると，運動方程式は，

$EI\dfrac{\partial^4 w}{\partial x^4} + \rho A\dfrac{\partial^2 y}{\partial t^2} = 0, \quad y = a\sin\omega t + w$，よって，$EI\dfrac{\partial^4 w}{\partial x^4} + \rho A\dfrac{\partial^2 y}{\partial t^2} = \rho Aa\omega^2\sin\omega t$

これは，強制分布外力 $\rho Aa\omega^2\sin\omega t$ を受ける場合に相当する．

応答解：$w = \dfrac{4a\omega^2}{\pi}\displaystyle\sum_{i=1,3,\cdots}\dfrac{1}{i(\omega_i^2 - \omega^2)}\sin\dfrac{i\pi x}{l}\sin\omega t$

第8章

1. 運動方程式を，$m\ddot{x} + f(x,\dot{x}) = 0$ としたとき，ばね特性は，

$$f(x,\dot{x}) = kx + F\,\mathrm{sign}(x)$$

と表される．式 (8.11) より，

$$\begin{aligned}
A &= \dfrac{1}{\pi}\int_0^{2\pi} f(a\cos\theta, -a\omega\sin\theta)\cos\theta d\theta \\
&= \dfrac{1}{\pi}\int_0^{2\pi} \{ka\cos\theta + F\,\mathrm{sign}(a\cos\theta)\}\cos\theta d\theta = ka + \dfrac{4F}{\pi} \\
B &= \dfrac{1}{\pi}\int_0^{2\pi} f(a\cos\theta - a\omega\sin\theta)\sin\theta d\theta \\
&= \dfrac{1}{\pi}\int_0^{2\pi} \{ka\cos\theta + F\,\mathrm{sign}(a\cos\theta)\}\sin\theta d\theta = 0
\end{aligned}$$

式 (8.12) より，

$$f(x,\dot{x}) = f(a\cos\theta, -a\omega\sin\theta) = \dfrac{A}{a}x - \dfrac{B}{a\omega}\dot{x} = k + \dfrac{4F}{\pi a}$$

と表すことができるので，線形化方程式は，

$$m\ddot{x} + \left(k + \dfrac{4F}{\pi a}\right)x = 0$$

このとき，等価ばね定数および固有角振動数は，

$$k_e = k + \frac{4F}{\pi a}$$

$$\omega = \sqrt{\frac{\pi k a + 4F}{\pi m a}}$$

2. クーロン摩擦が作用する1自由度系の運動方程式は，

$$m\ddot{x} + kx + F_c \operatorname{sign}(\dot{x}) = 0$$

$$f(x, \dot{x}) = kx + F_c \operatorname{sign}(\dot{x}) = kx + F_c \frac{\dot{x}}{|\dot{x}|}$$

として，式 (8.11) より，

$$A = \frac{1}{\pi} \int_0^{2\pi} f(a\cos\theta, -a\omega\sin\theta) \cos\theta d\theta$$

$$= \frac{1}{\pi} \int_0^{2\pi} \left(ka\cos\theta - F_c \frac{a\omega\sin\theta}{|-a\omega\sin\theta|} \right) \cos\theta d\theta = ka$$

$$B = \frac{1}{\pi} \int_0^{2\pi} f(a\cos\theta, -a\omega\sin\theta) \sin\theta d\theta$$

$$= \frac{1}{\pi} \int_0^{2\pi} \left(ka\cos\theta - F_c \frac{a\omega\sin\theta}{|-a\omega\sin\theta|} \right) \sin\theta d\theta = -\frac{4F_c}{\pi}$$

よって，線形化方程式は，

$$m\ddot{x} + \frac{4F_c}{\pi a \omega} \dot{x} + kx = 0$$

等価ばね定数，等価減衰係数は，

$$k_e = k$$

$$c_e = \frac{4F_c}{\pi a \omega}$$

となる．

3. 弦が $\delta = \sqrt{l^2 + x^2} - l$ だけ伸びると，張力は $T_0 + \frac{AE\delta}{l}$ に変化する．これより運動方程式は，

$$m\ddot{x} + 2\left(T_0 + \frac{AE\delta}{l}\right) \tan\frac{x}{l} = 0$$

x は l に比べ十分に小さいとすると，

$$\delta = \sqrt{l^2 + x^2} - l \approx \frac{x^2}{2l}, \quad \tan\frac{x}{l} \approx \frac{x}{l}$$

よって運動方程式はつぎのように書きかえられる．

$$m\ddot{x} + \frac{2T_0}{l}x + \frac{AE}{l^3}x^3 = 0$$

これは，ダッフィング型の方程式を表している．

4. 支点変位を y とおく．変位加振にともない，質点には重力のほか，鉛直方向に慣性力 $-m\ddot{y}$ が生じる．これより，単振り子の運動方程式は，

$$ml^2\ddot{\theta} + ml(g + \ddot{y})\sin\theta = 0$$

θ を微小とみなして $\sin\theta \approx \theta$ と近似し，$y = A\cos\omega t$ を代入すれば，

$$ml^2\ddot{\theta} + ml(g - A\omega^2\cos\omega t)\theta = 0$$

両辺を ml^2 で割って，

$$\ddot{\theta} + \frac{1}{l}(g - A\omega^2\cos\omega t)\theta = 0$$

これは，マシュー型の方程式を表している．

5. $\mu = 0.1$ と与え，初期変位が小さい場合と大きい場合について，数値積分を用いて位相平面を求めた結果を示す．これらは図 8.9 の時刻歴波形に対応し，いずれも時間とともに，円に近い軌跡を描きながら，振幅がほぼ一定の定常振動（リミットサイクル）に収束することがわかる．

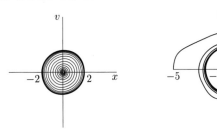

初期値 $(0.1, 0)$ を与えた場合　　　初期値 $(-5, 0)$ を与えた場合

索引

あ 行

アクセレランス 210
暗振動 205
暗騒音 227
位相平面 195
位置エネルギ 39
一般解 26
インパクトハンマ 212
インパルス加振 212
ウィンドウ関数 214
うなり 15
運動エネルギ 39
運動方程式 25
影響係数 123
影響係数行列 124
エネルギ法 40
応答曲線 60
大きさ 91
音の強さ 223
音の強さのレベル 224

音のパワーレベル 224
音圧 218
音圧レベル 224
音響インピーダンス密度 221
音響管 222
音響透過損失 230
音響パワー 223

か 行

回転半径 30
カオス 189
角振動数 8
過減衰 44
加振機 212
過渡応答 81
環境基本法 227
慣性モーメント 30
機械インピーダンス 210
危険速度 94
吸音材 230

索　引

吸音率　230
球面波　218
境界条件　148
共振　60
共振振動数　60
強制振動　58
係数励振振動　193
ゲイン　91
減衰係数　42
減衰固有振動数　46
減衰自由振動　41
減衰比　44
剛性マトリクス　128
高速フーリエ変換　203
後退波　147, 220
高調波共振　188
コクアド線図　210
固有周期　26
固有振動数　26
固有値　129
固有値問題　129
固有ベクトル　129
固有モード　105, 129
固有モードの直交性　130
コンプライアンス　91, 168, 210

さ　行

サイズモ振動計　206
散逸関数　120
サンプリング　213
サンプリング定理　213
実験モード解析　212
実効値　203
質量則　230
質量マトリクス　128
遮音　230
自由音場　221

周期　8
自由振動　27
自由度　24
周波数　9
周波数伝達関数　91
主共振　188
縮退　171
受動制振　92
消音器　230
状態点　195
初期位相　8
初期条件　26, 148
自励振動　190
振動加速度レベル　204
振動規制法　204
振動数　9
振動数方程式　104, 129, 149
振動履歴現象　188
振動レベル　205
振幅　8
水平振り子　34
ステップ応答　84
正規座標　134
正弦波掃引加振　213
静たわみ　25
静不釣り合い　97
摂動法　178
セパラトリックス　198
背骨曲線　186
線音源　224
線形ばね　28
漸硬ばね　177
前進波　147, 220
漸軟ばね　177
騒音　225
騒音規制法　228
騒音計　226
騒音レベル　226

相反定理　104
速度ポテンシャル関数　220
損失係数　42

た　行

対数減衰率　48
たたみこみ積分　83
ダッフィング方程式　178
縦振動　152
ダランベールの原理　25
単位インパルス　81
単位インパルス関数　81
単位ステップ応答　85
単振り子　33
力の伝達率　79
跳躍現象　188
調和振動　8
調和バランス法　178, 179
定常波　148, 222
ディラックのデルタ関数　81
デシベル　203
デュアメルの積分　83
点音源　218
伝達関数　140, 209
等価剛性　140
等価質量　35, 140
等価線形化法　177, 181
等価騒音レベル　227
等感曲線　225
動吸振器　114
動剛性　63, 210
動質量　210
同定　212
動特性　209
動不釣り合い　98
等ラウドネスレベル曲線　225
倒立振り子　34

特異点　195
特性インピーダンス　221
トラジェクトリ　195
トルク　30

な　行

ナイキスト線図　210
ニュートンの運動法則　25
ねじり振動　30
能動制振　92

は　行

波長　147
波長定数　220
波動速度　147, 220
波動方程式　147, 220
ばね　28
ばね定数　25
反共振点　114
比音響インピーダンス　221
非線形振動　176
ファンデルポール方程式　191
フードダンパ　118
フーリエ級数　17
副共振　188
復元力　28
複振幅　48, 203
複素固有値　210
不足減衰　44
不釣り合い量　97
物理振り子　33
不動点振動計　206
フレネルの積分　93
ブロムウィッチ積分　87
分数調波共振　188
平均化　215

索　引　　**247**

平均化方程式　183
平均法　178, 182
平衡点　195
平面波　218
偏角　91
ボード線図　61, 210

ま 行

マシュー方程式　193
窓関数　214
モーダルパラメータ　210
モード解析　212
モード行列　134
モード剛性　131
モード座標　134
モード質量　131
モーメント　30
モニタリング　202
モビリティ　210

や 行

横振動　159

ら 行

ラグランジュ関数　120

ラグランジュの方程式　120
ラプラス逆変換　87
ラプラス変換　86
ランダム加振　213
リサージュの図形　16
リミットサイクル　191
粒子速度　219
臨界減衰　44
臨界減衰係数　44
レーリー法　36
レジデュ　210
連成　110

数字・欧字

1次固有振動数　104
2次固有振動数　104
2自由度系　102
A特性　226
A/D変換器　213
dB　203
FFT　203
p–p振幅　48, 203
rms　203

著者略歴

佐伯暢人（さえき まさと）
1992 年　新潟大学自然科学研究科（生産科学専攻）博士課程修了
現　在　芝浦工業大学工学部教授（機械工学課程）博士（工学）
主要著書　基礎演習 機械振動学（共著），動画と Python で学ぶ 振動工学

小松崎俊彦（こまつざき としひこ）
1997 年　横浜国立大学工学研究科（生産工学専攻）修士課程修了
現　在　金沢大学理工研究域教授　博士（工学）
主要著書　基礎演習 機械振動学（共著）

岩田佳雄（いわた よしお）
1978 年　金沢大学大学院工学研究科（機械工学専攻）修士課程修了
現　在　金沢大学名誉教授　工学博士
主要著書　演習 機械振動学（共著），基礎演習 機械振動学（共著）

新・数理/工学ライブラリ ［機械工学 = 7］

機械振動学 ［第 2 版］

2011 年 5 月 10 日 ⓒ　　　　　初　版　発　行
2024 年 9 月 10 日　　　　　　初版第 12 刷発行
2024 年 11 月 25 日 ⓒ　　　　第 2 版 発 行

著　者　佐伯暢人　　　　発行者　田島伸彦
　　　　小松崎俊彦　　　印刷者　中澤　眞
　　　　岩田佳雄　　　　製本者　小西惠介

【発行】　　　株式会社　数理工学社
〒151–0051　東京都渋谷区千駄ヶ谷 1 丁目 3 番 25 号
編集 ☎(03)5474–8661(代)　　サイエンスビル

【発売】　　　株式会社　サイエンス社
〒151–0051　東京都渋谷区千駄ヶ谷 1 丁目 3 番 25 号
営業 ☎(03)5474–8500(代)　　振替 00170–7–2387
FAX ☎(03)5474–8900

組版　（同）プレイン
印刷　（株）シナノ　　　製本　（株）ブックアート

《検印省略》

本書の内容を無断で複写複製することは，著作者および出版者の権利を侵害することがありますので，その場合にはあらかじめ小社あて許諾をお求め下さい．

ISBN978-4-86481-121-7
PRINTED IN JAPAN

サイエンス社・数理工学社の
ホームページのご案内
https://www.saiensu.co.jp
ご意見・ご要望は
suuri@saiensu.co.jp　まで．